21世纪美学译丛

丛书主编 陈望衡

“美学”事始

——近代日本“美学”的诞生

[日]神林恒道 著

杨冰 译

WUHAN UNIVERSITY PRESS

武汉大学出版社

图书在版编目(CIP)数据

“美学”事始:近代日本“美学”的诞生/(日)神林恒道著;杨冰译.
—武汉:武汉大学出版社,2011.11
21世纪美学译丛/陈望衡主编
ISBN 978-7-307-09326-3

Ⅰ.美…　Ⅱ.①神…　②杨…　Ⅲ.美学史—日本—近代—汉、英
Ⅳ.B83-093.13

中国版本图书馆CIP数据核字(2011)第229044号

著作权合同登记号:图字17-2010-055号

责任编辑:白绍华　　责任校对:黄添生　　版式设计:马　佳

出版发行:**武汉大学出版社**　(430072　武昌　珞珈山)
(电子邮件:cbs22@whu.edu.cn　网址:www.wdp.com.cn)
印刷:武汉中科兴业印务有限公司
开本:720×1000　1/16　印张:12.25　字数:173千字　插页:1
版次:2011年11月第1版　2011年11月第1次印刷
ISBN 978-7-307-09326-3/B·279　定价:28.00元

著者简介

神林恒道，1938年生于新潟市。文学博士。先后毕业于京都大学文学系、京都大学博士生院。曾任大阪大学教授、立命馆大学教授，现任大阪大学名誉教授。主要研究美学史、美术史。历任日本美学学会会长、日本学术会议会员。现任日本美术教育学会会长、亚洲艺术学会会长、日本菲诺洛萨学会会长。

目　　录

总　　序

陈望衡

在人文学科中，美学还算是一门比较年轻的学科，它的诞生一般追溯到18世纪德国启蒙思想家鲍姆嘉通1750年出版的《一切美的科学的基本原理》，而其实，有关审美的研究几与文明开始同时。中国的先秦、欧洲古希腊均有大量的关于审美的言论，其中不少言论今天仍活在我们的审美生活中，如孔子说的“知者乐水，仁者乐山”。如果要说审美意识，它的开始还要早。距今8000年前的红山文化出土的玉玦极为精美，据考古专家研究，那是耳环，是装饰品，尽管它也许还具有某种神秘的宗教或礼仪的色彩，但至少潜存着审美的意识。

美是生活的精灵。它是人们创造生活的动力，也是人们创造生活的成果。“美”其实可以作为“文明”的代名词。难道不是这样？人类的一切创造——直接的或间接的，物质的或精神的，均不同程度地具有审美的色彩。也许，某些创造物的功利价值随着时间流逝或淡化或消失，然而，它的审美价值总是存在着，而且，某些物品其审美价值还会随着时间的流逝日益凸现，那些在博物馆里收藏的文物不就这样成为无价之宝？

对于当今的世界如何体认，不同的学者有不同的看法。就美学的维度来看，我们发现，虽然美一直是生活的精灵，但是，从来的时代在审美的深度与广度上均无法与现在相比。举凡发型、服饰等生活小事，社会和谐、环境保护、生态平衡等人类大事，均与审美相联系，而且审美在其中所占的比重或起的作用似乎是越来越大。美学本属于哲学，形而上的意味较浓。虽然现在它仍然保留着这一品格，但是，它却比过去任何时期更关注着生活，这是不争之事实。正如当代著名的美学家阿诺德·柏林特所说："很多学者从纯粹的理论问题转向了对个人和社会生活中的人类实践的研究。他们正在考察与研究美学的观点如何影响环境设计、广告、产品设计、室内装潢、服装时尚、园艺、烹调、流行文化甚至是社会关系的，并且他们试图指导这些概念的实际应用。应用美学的潜在作用可能在于让人们认识到美学对人类活动的社会领域——诸如城市规划和经济发展项目中所产生的影响。"①

我们在编辑这套《21 世纪美学译丛》时，不能不注意到这一情况。也许，我们中的许多人不能成为经济学家或电脑工程师，但我们所有的人均有可能成为美学家——理论的或应用的，专业的或非专业的。生活、一切工作均有美学。我们编这套书的目的，不只是为专业的美学家们提供研究的参考，还为各行各业的人们提供工作和生活的参考。

时代在进步，一切均在更新之中、创造之中。所有的更新和创造均非天外飞来，更非无源之水，它们总是不同程度地体现出人类文明发展的脉络，体现出文明的某种积累与传承。我们手中所拥有的一切其实均已成为历史，然而，我们创造未来的资本全在这里。简洁地说，我们是凭着历史在创造着未来。没有历史就没有未来。正是因为这样，我们极为重视人类所创造的一切文明成果，这其中就有人类关于美学的研究成果。

衷心希望我们的这套书在当前的生活中发挥重大的作用，期盼读者的回应，期盼生活的回应！

是为序。

2010 年 10 月 22 日于武汉大学珞珈山天籁书屋

---

① ［美］阿诺德·柏林特：《环境美学译丛·环境美学·总序一》，湖南科技出版社 2006 年版，第 1 页。

汉语版出版之际寄语

在武汉大学陈望衡教授的大力协助下，拙著《“美学”事始——近代日本“美学”的诞生》得以在武汉大学出版社出版，对此我感到非常高兴。这本书论述了在近代日本，西欧人文科学美学“aesthetica”是怎样落地生根，与此同时，文学、绘画、雕刻、音乐等艺术在传统的羁绊下，又是怎样实现近代化从而发展到今天的。令笔者稍感自负的是，在这个研究领域，虽然也出现了几篇论文，但综合论述近代日本美学与艺术学历史的著作只有拙著一例。

虽然对于日本在亚洲近代化的过程中所起作用的评价是毁誉参半、褒贬参半，但我们不能因此而无视或是忽略历史的事实。在东亚的汉字文化圈中有不少已经习以为常的学术用语都是在近代日本诞生的。比如说人文学领域的“哲学”这一词就是由德川幕府最早派到荷兰的留学生西周创造的。最早据说是“希哲学”，是取希腊原语爱知“philosophia”的“希求哲智”的意思。

最早在日本系统地介绍西欧美学、特别是德国美学的是明治时代的文豪森鸥外，他与西周是同乡的亲戚。森鸥外称美学为“审美学”。“美学”在作为学术用语固定下来之前经历了迂回曲折的过程，这一点读者可以直接参照本书。不只是“美学”，“美术”这一词同样也是近代日本的造词。它最初是作为我们现在说的广义的“艺术”被使用的。第一次使用“美术”这一词的公共机构是日本最早的美术学校“工部美术学校”。

关于在近代日本诞生的“美术”、“美学”在亚洲诸国特别是中国的传播与影响，陈望衡教授在其著作《中国美学史》中已有所指出。这本书已经被翻译成日文，在加注后预计会在日本出版。陈教授秉着超越两国近代的历史恩怨的、不存丝毫偏见的治学精神进行美学研究，着实令人敬佩。中日双方同时出版这样的美学史研究著作可以证明如今真正的学术交流已经逐渐成熟了。在此向陈教授表示由衷的谢意。

我的研究成果先是以题为《美学事始——艺术学的日本近代》的著作在日本劲草书房出版。然后在中国台湾以《东亚美学前史——重寻日本近代审美意识》（典藏）的书名翻译出版。此后又收入到“讲谈社学术文库”，在整理修订旧稿后，出版了这本《“美学”事始——近代日本“美学”的诞生》。这次汉语版的译者是我曾经任教的国立大阪大学的博士、新近锐气的美学研究者杨冰。杨冰女士毋庸置疑的日语能力必定会完美地反映在汉语译文中。最后衷心期待这本译著能成为中日美学研究交流的友好桥梁。

2010年岁末　神林恒道

序

陈望衡

日本著名的美学家神林恒道教授的《“美学”事始——近代日本“美学”的诞生》一书在武汉大学出版社出版，我觉得不管从我与神林教授的关系角度，还是从这本书对于中国美学界重要性的角度，都应该说一些话。

“美学”现在在中国已经是一门比较为人知晓的学问了。20世纪，美学在中国出现过好几次热潮。最早的美学热应该是30年代初朱光潜先生的《谈美——给青年的第十三封信》的出版。朱先生深入浅出的论述，清新优雅的文笔，醉倒了当时的读书界。第二次是20世纪50年代至60年代，中国美学界围绕着美的本质问题展开过一场大辩论，这场辩论影响极为深远。第三次是80年代，由马克思的《1844年经济学哲学手稿》中文版的翻译出版，又引发了一场关于“劳动创造美”及“美的规律”问题的大讨论。其后，又有深入到广大老百姓生活的“五讲四美”活动，这也可以看成一场美学热。此后，美学虽然没有再热过，但也从来没有冷过。

20世纪70、80年代，中国的大学招研究生，喜欢出的一道考题为“什么是美学?”，许多考生回答为“谈美的学问”。错了吗？没错，但又确实不太对。因为按“美学”这门学科的创始人鲍姆嘉通所用的德文Aesthetik（英译为Aesthetics）原意来看，美学应为“感性学”。那为什么不称之为感性学，而称之为美学呢？这是日本哲学家中江兆民对Aesthetik的一种译法。

中江兆民的译法逐渐得到日本学界的认可，后来又传到中国，也得到中国学界的认可。于是，“Aesthetik ”变成了“美学”。那么，中江兆民这个翻译译错了吗？不能这样说，因为虽然 Aesthetik 这个词其词根是"感性"，鲍氏也说过美是"感性认识的完善"，但是，诸多的美学家包括鲍姆嘉通谈"感性"（包括情感）总是会归结到"美感"这样一种特殊的心理效应上去。统观命名为"美学"的书籍，确是将"美"作为中心问题的。

美学与感性有不解之缘，也与美有不解之缘，因此，艺术学与美学也有不解之缘。黑格尔说美学是艺术哲学，艺术的哲学是进了美学的，艺术的心理学、社会学呢？不少美学家认为也应该进。直到现在美学与艺术的关系还没有扯清楚。据笔者看来，艺术与美学还应该是两个领域，但有很多交叉。艺术是人类审美活动的典范形式，只要从审美角度看艺术，都可以算是美学。

审美，在英语中为 aesthetic，它很少独立存在，总是与别的词连在一起，构成诸如"审美态度"、"审美判断"、"审美愉快"、"审美价值"等概念。这样说来，审美就不能等同于审美感受——美感了。但是，我发现，西方关于美学的用语也不是太严格的。康德的著作中，"taste"一词就是美感。他在《纯粹理性批判》中有这样一段话：

> 目前，只有德国人使用"审美"一词来表示其他人所谓的鉴赏力批判。这种用法源自鲍姆嘉通那一夭折了的企图，即这位令人佩服的思想家，企图把对美的批判处理置于理性的原则之下。（The Germans are the only people who currently who make use of the word 'aesthetic' in order to signify what others call the critique of taste. This usage originated in the abortive attempt made by Baumgarten, that admirable analytical thinker, to bring the critical treatment of beautiful under rational principles, and so to raise to the rand of a science.）

这段话中，"审美"（"aesthetic"）与"鉴赏力批判"（" critique of taste"）、"美的批评处理"（"critical treatment of beautiful"）是密切联系的，康德认为，鲍姆嘉通是用"鉴赏力批判"来理解

“审美”，又将对“美的处理”看作“鉴赏力批判”的。

美国人在美学用语上也比较宽泛，乔治·桑塔耶那有一本书《美感——美学大纲》，它的英语名字为 *The Sense of Beauty—Being the Outline of Aesthetic Theory*。这种用法，不就将“Aesthetics”直接理解成“关于美的学问”了吗？美国当代的美学家舒斯特曼也将“美”（Beauty）看成审美活动中的重要对象，他在他的《实用主义美学》一书中说：“审美想像能够感受到那些创作于和谐时代以往艺术所包含的高尚的美和真理性。”（Aesthetic imagination can perceive the ennobling beauty and truth of past art produced in more harmonious time.）

同类的例子还可以举出很多，说这些，为的是说明中江兆民将鲍氏的“Aesthetik”译成“美学”没有错。不仅没有错，而且非常好。东方民族包括中国与日本都是非常爱美的，其文化传统中不仅有大量的关于美或与美相关的言论，而且有丰富的实践包括艺术实践。在中国人和日本人看来，美术的本质就是美。说到这里，又不能不指出，将“Art”译成“美术”也是日本人对美学的一个重大贡献。

尽管作为学术用语的“审美”并不能等于欣赏或评论美，将德文 Aesthetik 译成了“美学”，也会给美学带来一些误导，特别是对鲍姆嘉通的美学带来一些误导，但总的来说，将“Aesthetik”译成了美学，对于东方民族来说，有利于美学的传播，有利于美学的普及，有利于美学在具有丰富审美传统的东方各民族中的发展。中国百年来，特别是近五十年来，美学研究的红红火火，包括上面说到的几次热，可以说是在世界文化史上一道绚丽的景观。当代中国人的生活包括诸多的商业促销活动很喜欢与“美”或“美学”沾上边，或就打着“美”或“美学”的旗号，难道与“美学”这个译名没有关系吗？当然有！为了突出“美学”这一译名的重要，我特意为神林恒道教授《“美学”事始——近代日本“美学”的诞生》中正标题“美学”二字加了一个引号。

真要感谢中江兆民，他为美学在东方的发展作出了巨大的贡献。

中日文化交流源远流长。这种交流至少可以溯源到唐代。中国唐朝时期，日本政府派出过二十次遣唐使出访中国，遣唐使不只是政治使者，也是文化使者，他们一方面向中国学习文化，同时也将日本文化带给中国。许多遣唐使还在唐朝政府担任高官，最有名的数第九次遣唐使阿倍仲麻吕了，他的中文名字为晁衡，他历仕玄宗、肃宗、代宗三代皇帝，备受厚遇，官至客卿，荣达公爵。他返国时遇难海上，噩耗传来，唐代著名诗人李白还写了一首诗《哭晁卿衡》，诗云：“日本晁卿辞帝都，征帆一片绕蓬壶。明月不归沉碧海，白云愁色满苍梧。”

过去我们过多地说日本遣唐使是如何学习中国文化的，这固然是，但其实他们对中国文化也有重要贡献。遣唐使中有一位名空海的僧人，于唐德宗贞元二十年（804）来到唐朝。空海在中国不仅研习佛教经典，还研习中国书法、文学。他在中国五年，回国前还特意去越州谒见神秀大师，于神秀处得《金师子章》及《缘起六相》一卷。空海归国后，继续中国文化的研究，整理了许多中国书法、文章集，如《书刘希夷集献纳表》(包括王昌龄《诗格》一卷)、《奉献杂书迹状》(包括《德宗皇帝真迹》一卷、《欧阳询真迹》一卷)、《王昌龄集》一卷、梁武帝《草书评》一卷、王右军《兰亭碑》一卷，此处，还撰写了《篆隶万象名义》三十卷、《文镜秘府论》六卷。弘仁十一年（820），他将《文镜秘府论》摘要编为《文笔眼心钞》。空海的这些整理中国文化典籍及研究中国文化的工作是对中国文化的重要贡献。他所整理的中国典籍，一些在中国失传了，因为他的整理才得以在日本保全。笔者曾经专撰《日僧空海对中国美学的贡献》一文，并以此文在日本大阪大学作专场讲演。讲稿译成日文，在大阪大学办的杂志《美学研究》上发表，此文也收进我的《中国古典美学史》第二版。此前，空海从来没有进入中国的美学史，但我认为，他应该进。

近代，中国学者留学主要是在日本，其次才是欧美。欧美的许多新思想大多是经过日本这个中介传到中国来的。就美学来说，它传入中国，有两种情况，一是直接来自西方。蔡元培留学德国，他在中国讲美学，其美学体系直接来自德国。二是经过日本这个中介。王国维、吕澂、范寿康他们留学过日本，他们的美学不是直接来自德国的，而是接受日本人的翻译和阐释再传到中国来的。当然，日本人不会原封不动地照搬西方的美学，他们有自己的理解，也有自己的创造。这些均对中国美学有所影响。笔者曾经在日本大阪大学、日本京都现代艺术馆作过《西方美学经日本传中国》的专题讲演。文章后来在日本立命馆大学学报发表了。

美学具体是如何经日本传入中国的，很值得深入研究。美学东渐，其由西方到日本的这部分，神林教授这本书作了很好的研究，他填补了一个空白。而从日本再传中国部分，目前也还只有零星的文章，远远不够深入。这个空白，需要中国人来补。

说到这里，神林教授这本《“美学”事始——日本近代“美学”的诞生》的价值就自然凸现了！审美，是人的本性之一，只要是人，都有审美需要与审美的实践。但是，有审美的现象，并不一定有审美的理论。审美现象是事，审美理论是学。有事未必有学。就学来说，现在公认是德国人最先来做这个工作的，后来的人当然要接着做，不能绕过先前的理论来建构。美学从西方传到东方，先是日本人接着做，然后就是中国人接着做。

接着做的目的是什么？不是将别人的理论原封不动地搬过来，而是要创新。美学虽然是全球性的学问，却是各民族有自己特色的。日本人将德国的美学拿过来，其目的是为了建设日本的美学，这一点，日本人很自觉。

神林先生说：

> 每次参加国际学会以及研讨会时都会切身地感到，现在最为需要的不是那些以日本特色为卖点的美学，也不是一味追随西方流行思想的美学，而是真正的“日本的美学”。时代要求我们不能一元化地评价文化艺术，而必须从多元化的文化状况出发。因此我们有必要重新回顾，美学（aesthetica）这门西方的人文学是如何在日本的近代明治时期被咀嚼消化，同时日本自身固有的美的意识又是如何呈现出来的。这不是回顾美学理论历史的发展过程，而是从立足于具体艺术领域的艺术学的

角度出发重新进行验证。这就是《“美学”事始——近代日本“美学”的诞生》这本书的主要目的。

说得再透彻不过了，神林写这本书的目的，不只是梳理西方美学如何进入日本的，也不只是描述原本在西方的美学如何在日本发展，而是想借这个描述，找出有用的启迪，建立真正的“日本的美学”。

那么，我们中国的美学呢？我们当然也要建立真正的中国的美学，但这种建立，又离不开对西方美学如何传入日本以及又如何从日本传入中国的了解。这就是我为什么一见到神林的这本书，就立刻萌发出强烈的愿望，要将它介绍给中国的美学界的原因。

此书的意义似乎不要多说了。我现在还想说说神林教授。神林教授是著名的日本美学家、艺术学家，他在日本和国际学术界均有崇高的地位。关于这，看神林教授的履历便知，我想说的是他的治学。

作为日本学者，神林对日本文化有深刻的理解。2005 年，他陪我参观奈良，对那距今上千年相当于中国唐代宋代的建筑，神林介绍起来如数家珍，当然也充满着深厚的感情。他还陪我参观京都这座古城，同样，对京都历史非常熟悉。

神林教授还是一个具有国际视野的教授。他在德国做过访问学者，熟谙德语，也翻译过德国的美学著作。他对中国文化也有相当深入的了解，而且他的女儿就是学习中国哲学史的。从神林身上，我们看到一位东方的人文学者所需要具有的文化修养。

我是 2001 年在日本出席国际美学会议时与神林认识的，他当时是日本美学学会会长，负责筹办这届国际美学会议，这是国际美学学会成立以来首次在亚洲举办的国际会议，因而，亚洲的代表来得特别多。神林和他的日本美学学会的同事，将这次会议办得十分精彩。

此次国际美学会议后，神林联合亚洲的美学界、艺术界，成立了亚洲艺术学会，在亚洲这块辽阔的地域开展美学、艺术学的交流。我参加过好几次这样的活动，亲眼看到亚洲的学界对他是如何敬重！

我曾邀请神林来武汉大学讲过学，讲学完毕，我陪他参观中国著名的风景区武夷山。神林为武夷山秀丽的风景而赞叹，更为此山集萃的中国儒家文化、道家文化、佛家文化而陶醉。我清楚地记得，离开武夷山的前一天，在具有农家风味的晚宴上，他品着中国的农家酒，动情地唱起了日本的歌谣。歌声是那样优雅、美妙，至今仿佛仍然飘荡在我的耳际。此刻，神林这位平素挺有绅士风度的学者，显露出他天真活泼的一面、孩子气的一面。

神林的书快要出版了，许多中国学人通过这本书而受益，通过这本书，中国学者又记得了一位日本学者，他就是神林恒道。

2011 年 1 月 5 日于武汉大学天籁书屋

自序
“日本”的美学与日本的“美学”

一般认为，“美学”这个词最早出自明治十六年至十七年（1883—1884）出版的《维氏美学》。这本书是文部省编辑局委托中江笃介（中江兆民）翻译的。当时不论是森鸥外还是他的论敌高山樗牛都对这本译著抱有否定态度。他们一致认为，这部介绍法国思想家维隆的美学的译著，对当时的文学及美术界都没有产生丝毫的影响。森鸥外甚至表示，很难理解文部省为何会选中这个非学术性的著作委托中江笃介翻译。那么究竟是什么原因让维隆的“美学”在众多的著作中脱颖而出呢？有观点认为是译者中江笃介起了推波助澜的作用。总之可以肯定的是，最初是文部省决定要翻译出版在当时还属于未知学科领域的美学著作的。

维氏美学

到目前为止，众多的美学史都把《维氏美学》作为最早的西欧美学译著。但是，如果从更为广义的艺术学的角度来看，会发现还有一部早于它的、同样不容忽视的译著。这就是菊池大麓翻译的《修辞及华文》。修辞指的是修辞学，华文指的是“华美文学”、也就是文学。这部译著是最早的有关西欧文学论的系统说明。

在这个时期最早引起文部省注目的是英国爱丁堡（Edinburgh）出版社出版、查伯（Chamber）兄弟编著的《百科全书》。这部《百科全书》后来被陆续翻译出版，《修辞及华文》就是作为这个翻译丛书中的一册出版的。此后，为了更全面地理解西欧的学

中江兆民

术体系，文部省又决定翻译更高层次的基本参考书，《维氏美学》被列入到了翻译计划中。这些在启蒙意识下产生的译著，其实对当时的人们并没有产生任何的影响。

“美学”这门学问要在日本落地生根，就必须准备好接受它的土壤，或者说适合它的舞台。明治十五年（1882），在龙池会举行的菲诺洛萨（Francisco Fenollosa）的题为“美术真说”演讲就是这样的舞台之一。在文学界，坪内逍遥的《小说真髓》也发挥了相同的作用。《修辞及华文》以及《维氏美学》的产生，都是一味服从政府启蒙主义的结果，都没有结合到当时日本艺术文化停滞不前的实际情况。而与此相反，“美术真说”、《小说神髓》之所以在强烈的反响下被人们接受，正是因为它们都从日本艺术文化的现状出发，都不约而同地对东西方艺术的不同进行了比较说明。

除了“美术真说”与《小说真髓》外，一场学术论战也成了“美学”这门学科隆重登场的盛大舞台。这就是东京帝国大学教授、文学博士外山正一与医学学士森鸥外的论战。这场论战是围绕着外山在明治二十三年（1890），发表的名为“日本绘画的未来”的演讲而展开的。森鸥外运用哈特曼（Hartmann）美学对外山进行了猛烈的驳斥，致使外山彻底沉默。世人认为森鸥外获得了全胜并由此产生了一种错觉，误认为美学这门学科可以有效地运用在美术评论上。这也是明治这一时代的功利主义意识的表现。在此之后，各大学相继把美学讲座与美术史讲座同步开设。东京帝国大学、早稻田大学、庆应大学都是最早的例子，这个传统延续至今。

可以说菲诺洛萨美学的继承人是冈仓天心。他不仅继承了菲诺洛萨的美学理论，还把它运用到了实践中去。当时已衰弱到了极点的日本传统美术被菲诺洛萨与天心注入了一针强心剂后开始逐渐复苏。可以说天心所追求的目标正是“日本”的美学的形成。天心在东京美术学校开讲的《日本美术史》主要是对自己展开的实践运动进行的理论上的证实。与天心相比，森鸥外的“美学”则是对“美学”这门西欧人文科学的介绍。可以说这是日本的“美学”的出发点。如果说德国美学是日本美学理论的主流的话，那么它的起源就可以说是森鸥外倡导的哈特曼美学。

如今恐怕已经没有人去钻研哈特曼美学了。森鸥外曾经说维隆的美学是非学术性的，我们现在看来哈特曼的美学也是如此。无论是兆民的《维氏美学》还是森鸥外的《审美纲领》，都不过是西欧美学的翻译介绍罢了。不过我们也不能否认如果没有森鸥外对哈特曼美学的传播，“美学”这门学科也不会在我国落地生根。

回忆美学在日本的萌芽，令人不可思议的是，“日本”的美学最早是从外部的“发现”开始的。从幕府末期到明治初期，对日本人来说不过是大众艺术的“浮世绘”，却在欧洲赢得了令人意想不到的好评。“浮世绘”甚至在欧洲掀起了一股巨大的“日本潮流”，这也是人尽皆知的。欧洲人甚至认为浮世绘就是日本美术的精华。一时间，大量日本国内闻所未闻的浮世绘研究著作如雨后春笋般在欧洲出版发行。在这个欧洲对浮世绘的“发现”后，又出现了另一个“发现”。菲诺洛萨在京都奈良旅行时“发现”了当时被日本人弃之不理的古佛。菲诺洛萨认为这些古佛是具有希腊风格的佛教美术杰作，通过“美术真说”的讲演，他告诉日本人自己的发现以及在此基础上对日本传统绘画的评价。

在菲诺洛萨的“美术真说”的讲演后，这种从外部发现日本美术的形势开始发展成为我们内部的“日本”的美学。在“文明开化”的口号下逐渐西化的日本人开始重新拾起一度曾被抛弃的日本文化遗产。“书画古董”转眼间变成了“美术”。正是“美学”促成了这一变化。最早促成这一变化的关键人物便是冈仓天心。他在东京美术学校开讲的《日本美术史》以及其他众多的著述讲演都是他不容忽视的业绩。

从森鸥外介绍哈特曼美学开始，日本的“美学”逐渐发展成“日本”的美学，比如说，继大塚保治之后担任东京帝国大学美学课程教授的大西克礼，他的《风雅论》就是最早探讨日本固有审美意识的杰作。但令人费解的是国外对日本文化及艺术的关注却不在专业的美学研究者的著作上，也就是说他们关注的都是一些“非美学”的美学。比如说西田几多郎、铃木大拙、和辻哲郎、久松真一等人的艺术论及文化论。其中得到评价最高的是九鬼周造的《“粋”之构造》。

天心认为日本美学起源于日本的中世纪，即“足利时代”。继天心之后，人们在论述日本美术原型的时候，常常追溯到足利时代。不过与这个时代禁欲主义截然相反的另一种艺术文化也不容忽视，它就是从安土桃山时代到江户时代的官能文化，其代表就是江户时代的浮世绘。九鬼关注的就是这个诞生在花街柳巷的美的意识。

但就是这个评价甚高的论著也把这种美的意识还原成了佛教的达观与武士道的禁欲主义。虽然在我们固有的美的意识里，确实存在着这一时代产生的禁欲主义精神，但不能否认江户的享乐感觉主义也是我们这个民族的美的意识的体现。一元化地处理这两种对立的美的意识是不正确的。

在这里值得注意的是，在《“粋”之构造》中，九鬼介绍了永井荷风的《江户艺术论》。《江户艺术论》一共收录了永井的十篇论文，其中八篇是研究浮世绘的论文，可见《江户艺术论》基本上就是“浮世绘艺术论”。永井在书中这样写道：

> 我对浮世绘的鉴赏与研究一样，原本并非依据严密的审美原理。如果有人问的话，我的回答是在特别情形之下对一种特别艺术的喜好。众所周知，泰西人在十年前已经从审美与工艺的角度开始了对浮世绘的周密研究，至今已经基本完成。

永井的态度明显区别于某些“从西洋美术家的角度评价认识日本绘画”的态度。他甚至不把狩野派的学院主义放在眼里，认为它不过是“虚妄的官营艺术”。但作为文学家的永井并没有过多地论述江户的艺术。后来也没有人继承永井已经开了一个头的“日本”的美学。

第一部

美学与美术史

第一章　相对于西方的东方
——冈仓天心的艺术论

提到冈仓天心的思想，人们自然会想到他写在《东洋之理想》开端的话："亚洲是一个整体。"虽然因为这句话，在战争期间天心被日本浪漫派的一部分人硬推上了"大东亚共荣圈"思想先觉者的位置，但也是这些人发掘了被埋没了许久的思想家天心，使他终于有机会得到人们再次评价。天心的国家主义思想与昭和十年（1935）兴起的日本浪漫派的思想具有一定的相似之处。

比如说，天心与菲诺洛萨共同开展的复兴传统美术的运动，为了推动这个运动的理想，天心把矛头指向当时逐渐在日本落地生根的西洋风格的绘画，对其进行了彻底的抨击。天心任校长的东京美术学校，也是直到明治二十九年（1896）才终于开设了西洋画学科。所以，天心难免给人以狭隘的国粹主义者的印象。但真是这样吗？未必如此。天心的这一表面上顽固的姿态，实际上正是当时在"文化开化"的口号声下西方近代化的洪潮不断袭来之时，为了抵制它而不是被它吞没的高瞻远瞩的知识战略。

要想全面了解天心整体的思想，就不能忽略他在《东洋之理想》、《日本之觉醒》、《茶之书》等著作中论述的独特的文明论。并且通过他与菲诺洛萨共同开展的日本美术的复兴运动来进一步探讨他的思想所具有的意义。可以说如果没有受到菲诺洛萨的熏陶，天心也不会在明治美术史上留下如此光辉的足迹。反之，如果没有与天心的合作，菲诺洛萨也不会产生如此大的影响，至多也就是当时"被请来的洋教员"中的一个罢了。这样看来，天心与菲诺洛萨二者的相遇也算得上是命运的巧合。

虽然天心为了向外国人介绍他们陌生的东洋文明才写下了我们

上面提到的具有一定启蒙意义的著作，但除此之外，我们可以说天心用笔杆向社会呼吁的意识是很薄弱的。这也是天心作为一个思想家的特别之处。天心的思想，实际上是通过他的行动而被人们理解的。下面让我们来看一看，天心在日本近代的黎明期留下了怎样的足迹以及那个时代的风云变幻的美术界。

1. 明治三十年间（1867 至 1897）的美术界

在明治三十一年（1898）发行的杂志《太阳》（第四卷第一号）上，冈仓天心发表了《明治三十年间的美术界》一文。在文中他回顾了过去的三十年，把这期间的美术界的变迁分成三期进行论述。

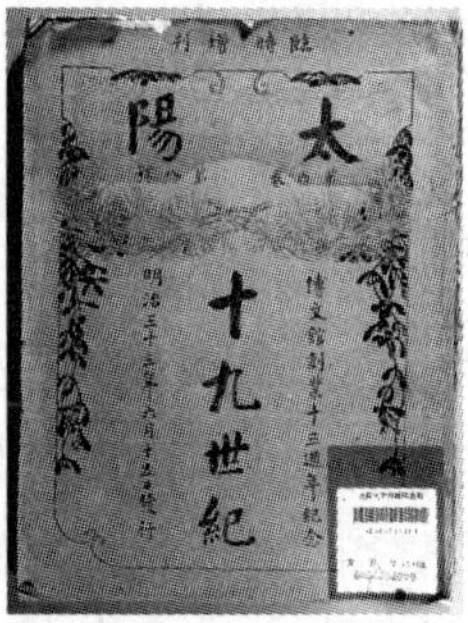

杂志《太阳》

他说第一期："带有破坏的倾向，作者与社会都不知道它会呈现出怎样的趋势。"到明治十年（1877）第一次劝业博览会召开为止才"终于警醒了美术界的耳目"。

在这个契机的带动下，内务省博物局于转年的 1878 年建立，1879 年佐野常民等创建龙池会，1880 年观谷美术会的展览会召开，从此美术复兴运动终于开始兴盛起来。但是，当时自然的趋势"还是有颓废的倾向，虽然在一心计划复兴，但仍不忘倡导古格旧法"。

到了明治二十年（1887）前后才终于出现了"在复古精神的发展之路上，为了明治这个时代探索新样式的征象"。在明治三十年（1897）"开始继承发展过去十年来的运动"。

以上就是天心总结的"我国美术之经历"的三部分。

在写这篇文章的时候，天心可以算是明治美术行政界首屈一指的重要人物。他在任帝国博物馆理事兼部长的同时还兼任明治二十二年（1889）开办的东京美术学校的校长（首任是浜尾新）。他所倡导的"对传统绘画新样式的创造"，也在美术学校的桥本雅邦、

冈仓天心（1）

冈仓天心（2）

川端玉章等教官及下村观山、小堀鞆音、横山大观等青年才俊的努力下，取得了不断的成功。但是，同年三月，这一路春风得意的步伐，突然被一个意外的事件绊倒了。这就是天心与九鬼隆一的夫人初子的恋爱事件。九鬼隆一是文部省少辅，他曾对天心爱护备至，可以称得上是天心的伯乐。由于报纸对这一事件的中伤性报道，致使天心被免去了东京美术学校校长的职位。这一事件最终导致了包括日本画学科主任桥本雅邦在内的十七名教员集体辞职。这在当时的美术界可以说是一个前所未闻的重大事件。但是，天心并没有因此而放弃开创明治新美术的理想。下野后的天心，开始把理想寄托在自己创建的日本美术院上。日本美术院的展览会开始逐渐引起了人们的瞩目，被人们命名为“院展”。此后的天心，虽然依然有着过剩的热情、精力以及政治上的野心，但最终作为一个实践家却是在不断地重复着失败。

在《明治三十年间的美术界》中，天心没有提到任何西洋画的动向，相当于完全抹杀了它的存在。也正因为这个原因，在美术学校创建之时，围绕着指导理论，天心与西洋画派的代表小山正太郎发生了争论。可以说直到《东洋之理想》为止，天心最初在日本画与西洋画之间的二律背反意识，形成了他的理论的基本框架。在文中他也提到了最初把法国印象派的外光描写引进到我国的黑田清辉、久米桂一郎身上，说道：“西洋画在他们两位鞠躬尽瘁的努力下，日益引起人们的注意，将来必定能产生大量值得一看的作品。”但在这里天心之所以提到黑田是因为在时代趋势与社会需求下，明治二十九年（1896）东京美术学校开设了西洋画及图案两个学科并请来黑田担任西洋画学科的主任教授。

下面我们来探讨天心的《明治三十年间的美术界》与西洋画之间的关系。

2. 美术是什么——有关"妙想"

美术学校教师

天心所说的带有"破坏倾向"的时期指的是幕府时代的动乱期到明治初期的这一段时间。当时的新政府提倡以神道立国的方针，社会上兴起了一股"废佛毁释"的风潮，传统的美术品受到了极度的轻视，甚至遭到了严重的破坏。比如，石佛、供养塔被推倒后用来代替石桥。不过这还算是好的，令我们今人难以想像的事情还有。这就是宇治的平等院凤凰堂，当时成了孩子们的游艺场。

更过分的是古都奈良的象征性建筑兴福寺五重塔，它先是以极低的价格被拍卖。但由于解体费用过高而没能找到买主，最后县令竟下令放火烧毁。提到这位县令，就是他曾经定了一个荒唐之极的计划，那就是要把春日神社的神鹿都卖了换成牛，然后把若草山到春日野一带改为牧场放牧。

"废藩置县"带来的社会巨变，对美术界也产生了破坏性影响。与美术界关系密切的上流武士阶层，因为"废藩废禄"而丧失了经济来源。为了维持生活他们不得不变卖曾经玩赏的美术品、祖上代代传下来的书画、摆设。美术品一时间充斥于街头巷尾，价格大幅跌落。曾经被争相珍藏的土佐、狩野的名画也成了落难千金变得无人问津。这一时期，众多的国宝、重要文化财产，都在无人知晓价值的情况下流失到了海外。

这种状况一直持续到了明治十年（1877）。那时人们对美术作品的兴趣主要集中在文人画与油画上。文人画讲究诗画一致的境界，这一点非常符合成功地从幕府末期的动乱政局过渡到新政府的精英人士们的壮士趣味。而油画则是因为被人们当成"文明开化"

的象征而大为流行。

明治初期的西洋画界的先驱川上冬崖、高桥由一，最初被西洋画吸引是因为它的“逼真”效果，这种可以乱真的技术是日本传统美术所不具备的。在日本，西洋画与其说是作为美术或艺术，不如说是作为一种科学技术被接纳的，这种技术以水彩、油彩为原料，运用远近法、明暗法来原封不动地绘出自然。教授西洋画的冬崖，在表现自己的艺术兴趣时只作文人画。这个事实就足以说明当时美术界的现状。明治政府在明治九年（1876）开办了“工部美术学校”（注1）。这是一个正式学习、研究西洋美术的政府机关。正如校名所表现的那样，它是工部省直接管辖的教育机构，也是工部的附属机关。虽然说是西洋美术研究，但实际上是研究西欧自然科学、工学，以及绘制军用地图等这类辅助性质的美术研究。

直到明治十一年（1878）美国人菲诺洛萨（Ernest Francisco Fenollosa）来到东京大学文学系就任后，人们才开始意识到西欧的“art”不只是“技术”，同时也是“美术”。菲诺洛萨在讲授哲学的同时，也兼讲政治学、经济学。天心不是学哲学专业，他选修的主要科目是政治学。据高田早苗回忆：“当时文学系主要分成两块，一块专修政治学、经济学、文学，一块主修哲学与文学。”天心由于生长在有外国人居住的重要国际贸易港口城市横滨，所以具备超群的英语能力，也正是他的英语能力使他与菲诺洛萨建立了亲密的关系。后来二人联合发起全新的明治美术改革运动。这个运动逆转了美术界的乾坤，迎来了被文人画挤到了角落里去的传统日本美术的复兴，同时也带来了西洋绘画的落难时代。

复兴日本画的运动兴起于明治十年（1877），两年后佐野常民创办“龙池会”。这个组织倡导“考古利今”，致力于传统美术工艺的振兴，谋求日本美术出口到海外的机会。这个组织后来改称为“日本美术协会”，属于这个组织的画家被称为“旧派”，可见“龙池会”具有很浓的复古主义、国粹主义的色彩。菲诺洛萨最初也参与了“龙池会”，但后来脱离“龙池会”创建了“鉴画会”。菲诺洛萨与天心的运动，不只是保护传统美术，他们还着重培养年轻

菲诺洛萨夫妇

一代创造日本画的新样式。

菲诺洛萨在明治十五年（1882）五月召开的龙池会上，作了一场名为《美术真说》的演讲会。这个演讲会启发人们开始思考“美术是什么”。“美术”这个词最初出现在明治五年（1872）举办的维也纳万国博览会的出品邀请书上。在出品规定（富田淳久翻译）中这样写道：

为美术（西方把音乐、画学、造像术、诗学统称为美术）博览场之工作而用。

虽然“art”在这里被译成美术，但实际上当时 art 被单纯地理解为“技术”。

菲诺洛萨介绍了当时人们关于美术的解释，其中有“伎俩之精巧者为美术，其性质在于构成善美”的“伎俩精巧说”，还有“使吾人心意愉快之事物为美术之善美”的“快乐说”以及“天然实物之模拟为美术之要诀”的“自然模仿说”。然后阐述到“美术之性质非与其他事物的外在关系”，因此，无论哪种说法都没有捕捉到“美术”的本质。那么美术的本质究竟是什么呢？菲诺洛萨说明道：

《美术真说》

无疑美术之性质存在其内部，静坐潜心熟视其性质，则神驰魂飞、爽然而自失。

他以为“美术之善美不在其外，而在其内部构成之关系”，这关系是综合的、整体的。菲诺洛萨说美术内部的关系即后者，也就是全体的有机统一。他进一步定义：

> 各分子保持互相关系，始终相依产生唯一之感觉，其可谓妙想。

也就是说，美术之所以为美术就是因为这个“妙想”，区别美术与非美术的标准就看作画时是否有这个妙想。菲诺洛萨批评工部美术学校的西洋画教育遵循的写实主义，不过是把美术与科学混为一谈的“理学一派”。他还进一步比较了日本画与西洋画的优劣，认为在妙想的表现上，日本画比西洋画更胜一筹。

既然菲诺洛萨主张“妙想”，那么格外重视风韵的文人画在他看来如何呢？他是这样说的：

> 文人画，在其不以描拟实物为主的特点上值得赞赏，但终究是文学之妙想。（中略）文人画非目之真诚之绘画，乃眼之音乐，故不可取（注2）。

他排斥东方传统的“诗画一致”理念，以西欧近代“美术”理念为规范，阐述日本美术今后应进取的方向。他感叹当时的美术界，这样说道：“油画为磨机之顶石，文人画为地石，真诚之美术夹在二者之间，被不断碾碎。”菲诺洛萨与天心主张复兴日本画的古典理想，即“真诚之画术”。他们推崇狩野派的绘画，赞扬狩野芳崖是继承了狩野派传统的画家（注3）。

3. 菲诺洛萨与日本美术

菲诺洛萨的讲演《美术真说》扭转了当时美术界学习西洋美术技巧一边倒的局面，使美术界的潮流从西洋绘画的逼真技术向回归日本美术传统的方向发展。但我们能够凭此就断定菲诺洛萨从一开始就是日本传统美术的理解者与拥护者吗？

在菲诺洛萨明治十一年（1878）来日本时，他也像大多数的外国人一样，急着要在日本普及先进国家的技术与文化。据高桥由一说，菲诺洛萨来日不久便访问了由一开办的西洋画私塾“天绘学舍”。他与由一共同讨论了发展西洋画的计划，并约定以后也会频繁来校开演讲会介绍西洋绘画。由一也曾拜访菲诺洛萨的宅邸与他畅谈画论。聊得甚是痛快的菲诺洛萨还把自己画的一幅风景画赠给了由一。但是后来二人约定的重要演讲却没能实现。对于此事，由一曾遗憾地说：“由于他（菲诺洛萨）变成奖励日本画的立场，前约终未实现。”（隈元谦次郎《近代日本美术研究》）

在明治十五年（1882）的龙池会演讲之后，菲诺洛萨改变姿态，表明自己对日本画拥护的立场。他的这种突变让人感到吃惊。菲诺洛萨戏剧性转变的契机是他明治十三年（1880）在奈良、京都一带的旅行。菲诺洛萨把这次旅行的感动与发现写进了《东亚美术史纲》里。他这样写道：

> 日本最初对希腊式的佛教美术的伟大实验，大概是在奈良平野的西部、锥形的沙丘下、现在的郡山稍北的区域……1880年（明治十三年）我在众多的佛像碎片及令人感兴趣的废物中间，发现了一尊与真人大小一样的、具有希腊风格而又是佛教独创的、颇具实践精神的佛像。
>
> 在（法隆寺）传法堂的众多佛像中有三尊是镀金的，比真人稍微小一些……（其中最完美的）菩萨虽然缺少了头发的一部分和左腕，但双肩流淌下来的衣褶，那优美造型之巧妙，让人不禁想起罗马皇帝的雕像。1880年我第一次看到它时，就开始亲切地称他为“恺撒”了。

菲诺洛萨在日本的古典美术中，发现了希腊式的佛教美术传统和让人联想起古代希腊罗马雕像的作品，这令他大为惊讶。大概就是从这个时候开始，菲诺洛萨对日本美术的看法发生了变化。当时日本的美术被称为“日本主义”，只是满足西欧人异国趣味的东洋岛国的孤立艺术。但菲诺洛萨通过自己的审美眼光，发现事实并不是这样的，日本的美术是与遥远的西欧古典传统、希腊罗马的美一脉相承的亚洲的种子。在菲诺洛萨看来，“唐宋的正统绘画”也属于这个传统，而继承这个传统的是日本狩野派的绘画。菲诺洛萨对日本传统绘画的构想也是从狩野派出发的。不过从西欧正统古典主义的传统与价值观来看，很难理解菲诺洛萨为什么会激烈地排斥文人画。菲诺洛萨在东京大学教授的是黑格尔的哲学，他所具有的把日本美术作为世界文明一环的综合视野也许与黑格尔思想有关。

4. 西洋画对日本画——开化主义对传统主义

美术的开化主义与传统主义最初发生冲突是在明治十五年(1882)。在这一年的《东洋学艺》杂志上，围绕着书法的艺术价值，小山正太郎提出了“书法非美术”的观点，而此后天心发表了《读〈书非美术〉之论》反驳小山，由此二者开始了争论。师从川上冬崖的小山正太郎是当时美术界的重要人物，他在文部省也颇有影响力，后来还与天心同时被任命为文部省图画调查会委员。虽然他们表面上争论的是书法的艺术性，但导致这个争论的根本问题是，他们在“艺术究竟是什么”的这个问题上存在着对立的观点。继承了工部美术学校思想的小山提出“把美术的利益与一般的工艺进行比较”的观点。他的这种功利主义的观点遭到了天心的反驳，被天心看作“利欲的开化主义”。天心批判小山的这种观点是：“损道德心，破风雅情，让人变成射利机械。”实质上，这二者的争论依然是在继续着菲诺洛萨在《美术真说》中已经提出的问题。对于小山的把美术当作实用技术的浅薄欧化主义，天心为菲诺洛萨代辩，意在指出美术的本质。

对于天心来说美术绝不单纯就是美术。竹内好认为天心晚年的文明论就是在这个时期形成的。(文章《以冈仓天心的亚洲观进行文明批判》1962年5月27日刊登于《朝日月刊》，同时也收录在《日本思想家1》）天心以为：“文明就是要以精神战胜物质。”当时的“文明开化”实际上并没有给我国带来真正的文明，却给我们带来了应该遏制的物质至上的功利主义。天心认为美术是启蒙人精神“自主”与“充实”的“文明之要器”。因此天心从其独特的文明观出发，认为西洋画与日本画，不只是在技法与技巧上存在差异，更根本的是存在着物质与精神、物质与理想的对立。因此，天心对美术教育改革倾注了极大的热情，甚至还始终对西洋画持有强硬的敌对态度。在天心看来，西洋画正是错误的物质主义的象征。

在后来的"铅笔画对毛笔画的争论"中，小山正太郎与天心的对立达到了白热化程度。明治十七年（1884），为了讨论美术的初等教育问题，文部省成立了图画调查会。小山、天心、菲诺洛萨被任命为调查会委员。这一年对天心来说，也是值得纪念的一年。在这一年他与菲诺洛萨共同见证了珍藏了上千年的古佛梦殿救世观音的首次公开仪式。天心后来回忆此事说是"此乃人生大快之事"。明治政府也终于在"废佛毁释"的风潮后开始认真地关注起曾冷落了多时的传统美术，展开了对它的调查与保存。

在这股重新认识传统美术风潮的影响下，文部省开始重新考虑是否应该把日本画技法导入到当时从西洋画技法出发的图画教育中。在这个问题上，小山与天心的意见又出现了尖锐的对立。在图画调查会召开的讨论会上，天心在强调日本人在工艺美术上的优秀性后说道，西洋画技法的图画教育会毁掉日本人原有的创造性活力。最终参加讨论的大多数人都赞成了天心的意见。这一结果致使小山愤然离席，并辞去了委员的职务。虽然在这个事件以前，天心与小山各自代表的日本画对西洋画、传统派对开明派的对立矛盾已经变得不可调和，但在这个事件后，日本画得到了国家的支持，而西洋画却迎来了寒冬。第二年（1885），图画调查会为了抑制西洋画的过度发展，设立了美术专门调查部门。这一举措实际上是效仿明治十二年（1879）设立的音乐调查部门，意在推动文部省设立美术专门学校。明治二十二年（1889），东京美术学校正式成立，设有传统日本画、木雕学科，一年之内又开设了铸金、雕金、漆艺等工艺学科。在众多的学科中唯独没有西洋画学科。显然，这是源于天心与菲诺洛萨的治学方针。

5. 日本美术史讲义

我们不能单从以上的这些表面现象就断定，天心是一个反对文明开化的、顽固的国粹主义者。现在看来天心的思想是高瞻远瞩的，他在充分认识到准确把握东西方文明本质区别的同时，还警惕着像无根草一样的欧化主义，力图在日本悠久传统的延长线上摸索日本美术的前进道路。可以说，他是明治时期为数不多的启蒙主义者之一。他的真才实学在东京美术学校创立后得到了彻底的发挥。

在菲诺洛萨回国后，天心成为日本美术行政的决策人，他致力于传统美术的调查、保存与继承。这个时期，天心与高桥健三共同企划发行的豪华版美术杂志《国华》已经发展成世界驰名的日本美术研究专门刊物。这本刊物直到现在仍在持续发行。不过说起当时最让天心煞费苦心的，还是他按照自己的美术教育理念创建的东京美术学校所推广的“新国民艺术”。天心与菲诺洛萨共同倡导的复兴传统美术的运动与龙池会坚持的保守主义在根本上是不同的。天心的理想是在新的土壤里播下新美术的种子并精心培育它。为了这个目的，天心亲自登上讲台为志向美术的年轻人开讲《日本美术史》，向他们介绍自己坚持的美术理念。

我国最早出版的日本美术通史是藤冈作太郎的《近世绘画史》，出版于明治三十六年（1903）。但是，听过天心美术史讲座的学生记录下的、天心的美术史论述却早于它。天心的美术史论述虽然在实证性上还有一定的缺陷，但无论是它透彻的历史观还是对东西美术的广泛比较，它的广博见识都远远超过了藤冈的论述。我们可以从天心国粹主义者、民族主义者的外表下，看到他对西方人文学的丰富知识。天心的美术史的记述方法，大概是从菲诺洛萨在东京大学讲授的黑格尔哲学中摄取的。在美术学校创建之初，作为美术调查员的天心去欧洲出差考察时，在有限的时间内，不仅在美术馆亲眼看到了众多优秀的西欧艺术作品，还把了解到的欧洲美术界的最新动向传播到了日本。在当时，天心的英语实力是出类拔萃的，他晚年的《东洋之理想》、《日本之觉醒》、《茶之书》等著作都是用英文写成的介绍日本文化的著作。在国际港口城市横滨长大的天心，自幼就在私塾学习英文，他与菲诺洛萨的交往也是从做英文翻译开始的。天心不仅不是狭隘的国粹主义者，而且可以算是代表明治时代的国际化人才。

天心在《日本美术史》的绪论中，论说了学习历史的重要性。他说：

> 世人看历史是编辑事迹的记录，即是死物。但是，这是一个很大的谬误。历史是存在于吾人内部、不断活动的东西。

在这本可以算作我国最初的美术史讲义中，天心从远古时代说起，横贯各个历史时期，系统地说明了各种美术样式的消长，概括出美术史的普遍命题。他说美术是：

> （一）让精神随时准备着，在观念产生的一瞬警醒。相反，只追求形体一定会导致衰退。
>
> （二）遵循系统进化，离开系统便会灭亡。
>
> （三）美术代表那个时代，表现时代思想的便是最好的。

接下来，关于在明治这个兴起了新精神的时代，应遵循怎样的方针来探求新样式的这个问题上，天心对学生们说：

> 余欲以数言劝诸君。徒模仿古人必亡。这乃历史之所证。守系统而进，研究固有之物者，前进一步也应鼓励。宜以西洋画为参考，以己为主、彼为客。此乃进步之要。

由此可见，天心不是像顽固的国粹主义者那样盲目地排斥西洋画，而是主张参考西洋画的优秀之处，并吸收它作为自己创造新艺术的营养。经天心指导的横山大观等年轻画家始创的、重视色彩的“没骨体”画法，曾被人们讽刺嘲笑为“朦胧体”。但这明显是海外归来的黑田清辉带来的法国印象派、外光派的色彩表现。也就是黑田说的“空气表现”。

天心重视的是吸收西方文化艺术的精神实质。他不主张无根草般的吸收。认为应该是“己为主彼为客”，“遵守系统而进”，必须要在日本的精神传统的土壤上移植。天心认为不这样的话，精神屈从于物质，就会把日本文化导入歧途。

6. 启蒙主义者天心

虽然天心志在改革日本美术界，但他的理想却在中途遭遇挫折最后以失败告终。后来，天心把自己的后半生都贡献给了对外的启蒙活动，即向西方介绍他们闻所未闻的东洋美术、文化。《东洋之理想》就是他这一时期的代表作之一。在此书的序文中，旅居印度的一位英国妇人这样评价天心：

> 冈仓氏反对今日盛行于全日本的流于表面的欧化倾向，努力推动日本艺术的强有力的再国民化。（中略）
>
> 在某种意义上，可以说冈仓氏是日本的威廉·莫里斯，而日本美术院则是日本的梅顿修道院（Merton Abbey）（译者注：梅顿修道院是莫里斯制造印染品的工厂所在地的地名）。在这个美术院，除了日本的绘画与雕刻以外，也有漆工、金工、铜铸、陶瓷等各种装饰艺术。这些会员在保持与发展日本国民特有灵感的同时，对西方现今的艺术运动中的杰出表现也表现出理解与共鸣。

在这里，天心被比作英国的威廉·莫里斯，他创办的日本美术院被比作美术工艺运动发祥地的梅顿修道院。这番话不仅让我们了解到，在国际上天心的思想是以怎样的视点被理解的，并且给我们提供了应该如何正确理解天心思想的线索。

工艺美术运动是19世纪后半叶，以莫里斯为中心开展的一场设计改良运动。当时，英国随着产业革命带来的工业生产的发展，出现了大量粗糙低劣的制品。这个改良运动正是用实践的方式来反抗大量而又单一的生产模式以及商业主义。莫里斯等人追求的是手工劳动给人带来的喜悦以及手工制品所具有的真实之美。莫里斯的审美意识的理论根据是美术批评家约翰·罗斯金（John Ruskin）的思想，即回归中世纪的手工业思想。

在这个时期，不仅是设计领域，绘画领域也同样以中世纪为理想，排斥单纯追求“美的技术”的学院派形式主义运动已蔚然成风。出现了追求虔敬的宗教情感与内心表现的拉斐尔前派运动以及拉斐尔前派的先驱、拿撒勒（Nazareech）德国浪漫主义所代表的复古性质的理想主义运动。这些运动都是在反抗工业革命后出现的过度物质主义与功利主义。正像大冈信氏指出的那样，在天心的思想深层也存在着对这种理想主义的共鸣。（大冈信《冈仓天心》，朝日新闻社，1985年）虽然我们很难从天心留下的论著及文章中，找到与回归国家传统直接相关的言论，但在天心的日本美术史讲义中，我们可以发现他的理念与浪漫主义理想的相似之处。他说：

> “为了美术的美术”的这一美学思想在西方各国颇为流行，若美术只为满足人心之快而不求实用，美术则不过是一技艺而已。余辈不能偏袒此论，美术在其自身精美之同时，若与当时最高之宗教、文学无关则难称为真正之美术。

这种对当时美术界动向的理解，是天心作为文部省的美术调查员被派到欧洲时学到的，还是在此之前通过菲诺洛萨了解到的呢？天心很可能了解欧洲流行的美术运动（注4）。虽然当时人们对美术工艺运动与拉斐尔前派运动的代言人约翰·罗斯金的评价还不像现在这么高，但是他的名望在当时的知识分子以及艺术家之中也是广为人知的。当时欧洲盛行科学万能主义，艺术丧失了自己的精神基础而堕入了感觉主义。那个时期在欧洲盛行的美术运动都是为了恢复艺术应有的精神，并在这个基础上创造真正的“国民艺术”。罗斯金说，灭亡艺术者正是近代的机械文明。这难道不也是天心的思想吗？

在“西方对日本”、“西方对东方”的形式下，日本的传统文化逐渐地被从西欧席卷而来的文明开化洪潮吞噬。天心以精神主义对抗物质主义的文明观，正是在这种危机感中产生，并且得到了当时崛起的国家主义意识的助长。但不能否认他的思想与批判近代文明的观点还是具有普遍意义的，同时也具备着广阔的国际视野。天心的美术史讲座把明治时期比作欧洲近代的起点并由此展开议论。由此可见，天心的讲座不是单纯地罗列事实，它是具有普遍意义与广度的理论。天心的目的是要警醒、启蒙同时代的人们的意识。因此，我们可以说天心是在幕府到明治时期混沌的文化状况下，把舵盘对准了正确方向并勇往直前的杰出启蒙思想家。

第二章 “日本”的美学的形成

——从菲诺洛萨到冈仓天心

1. 重新发现日本美

对于日本近代美术的开端，基本已经有了一个定论，但仔细想一想会发现这里面存在着一个令人不可思议的地方。这就是发生在幕府末期到明治初期的“重新发现日本美”的故事。提起这个故事首先要从这个时期举行的万国博览会说起。在这个博览会上，西欧开始关注日本这个“远东岛国”的美术。其中最让西方人感兴趣的是日本的浮世绘版画。浮世绘版画大胆的色彩表现、画面构成，给这个时代崭露头角的新美术运动带来了很大的影响（注 1）。后来，有一个西方人因为憧憬着日本的异国风情而不远万里来到日本。他就是我们刚才提到的、明治政府特聘来的外国专家菲诺洛萨。就是他在奈良、京都的旅行中，发现了“废佛毁释”的运动中被遗弃在角落里的古佛，意识到了日本传统美术的杰出。回到东京后，菲诺洛萨在龙池会上发表《美术真说》，提出了“日本美术拥护论”。从此一股复兴传统美术的风潮兴起。后来天心与菲诺洛萨携手共同投入到了振兴日本美术的运动中。

在前文中，我们回顾了现在看来无疑是被西方评价过高了的浮世绘版画、菲诺洛萨“发现”的“希腊式佛教美术”奈良时代的佛教雕刻以及通过《美术真说》发起的重新认识传统日本绘画的运动。其实这些在艺术的领域、本质、评价方式上都不同的“日本”的美术，很难说明它们在明治近代美术的发展进程中，究竟是如何被联系在一起的。首先对于浮世绘版画的评价，完全是与我们自身世界无关的、来自外面世界的“发现”，这就像“20世纪美术的原始主义”一样，不过是西欧艺术世界的引进作业罢了。菲诺洛萨的“发现”也带有这样的意味。不同的是，菲诺洛萨的发现是基于“文明东进”这一世界史视野下的文明论。但这里面依然存在把希腊、罗马美术作为绝对规范的古典主义的艺术观。不过，后来菲诺洛萨在龙池会上的讲演激发起的对传统美术、传统绘画的再评价，与那些来自外部的“发现”有了明显的区别。这个讲演后明治美术界的国粹主义倾向变得越来越明显了。在这一方向上引领明治美术行政界的带头人，就是菲诺洛萨和冈仓天心。

2. 菲诺洛萨的艺术观

菲诺洛萨的《美术真说》是否真是一般认为的那样一味弘扬日本的学说呢？从菲诺洛萨在晚年的著作《东洋美术史纲》中表现的观点来看，仿佛并不是这样的。在这部著作中，他从宏观的文化史角度与社会关系对世界美术进行了论述。他说：

> 关于美术的普遍规则及理论是存在的。在这个理论面前，无论是原始的野蛮的美术，还是幼儿的美术性质的劳作都应算入美术的范围。这些与欧洲艺术的各派是一样的。众所周知，美术就是和谐的空间感觉，只是在不同的技术条件下，它的样态发生变化。空间应该是有界限的。这个和谐空间的比例就是形状。

在近代艺术史中常常被提到印象派画家对浮世绘的借鉴。这种借鉴与菲诺洛萨的实践是相同的，都是基于形式主义原理的近代绘画的实验。

菲诺洛萨在他的言论著作中常常提及并赞赏的画家惠斯勒，他与菲诺洛萨一样都是美国马萨诸塞州人。当时他是往返于伦敦与巴黎的国际知名画家。很多人都知道惠斯勒在自己的创作中，积极吸收了浮世绘版画的构成与表现。在《美术真说》中有这样一句话：

“英国有画家已经开始模仿日本的方法作画。”这里虽然没有提到名字，但我们仍然可以断定这位英国画家就是惠斯勒。

因此我们也可以猜想在菲诺洛萨未到日本之前，已经通过活跃在画坛的同乡画家了解到了欧洲美术的最新动向。但他来到日本后却发现，工部美术学校这一国立教育机关，已经吸收了欧洲写实主义绘画追求“逼真”的技巧作为日本西洋画的正统教学法，甚至在欧洲已经过时了的、色调暗淡阴沉的巴比松画派也被奉为规范。菲诺洛萨曾回忆道：“我曾经在波士顿，作为一个哲学者研究美术并亲自实践。来到日本后致力于建立日本美术的权威。”由此可见，他对日本美术界的“指点江山”也是经过了一定的准备的。高桥由一曾经回忆菲诺洛萨来日后不久就访问了高桥由一的天绘学舍并说：“讲演西画及论述海外画道沿革，允许学画学生及有志诸君旁听。”虽然这个讲演最终没能实现，但我们可以想像得到菲诺洛萨的讲演会是怎样的内容。

3.《美术真说》是“日本画弘扬说”吗？

在《美术真说》中常常有“真诚之画术”这个词出现。在这个讲演中常被引用的就是：“油画为磨机之顶石，文人画为其底石，真诚之画术被夹在二者之间被碾得粉身碎骨。”很多听了这个讲演的听众把“真诚之画术”理解成狩野派代表的日本传统绘画。但是菲诺洛萨本人通过这个讲演要表现的正像“美术真说”的这个题目所表现的那样是没有东西方区别的“真诚之画术”、“理想之绘画”。为了导入这个主题，他才选择了从当时日本美术界令人担忧的现状讲起。而且他在讲演中说的油画，指的是一部分单纯强调“逼真”技法的现实主义绘画，并非否定全部的西洋画。但讲演全篇的论调确实给人以有意识地抬高日本美术的印象。

这个讲演留给我们的问题是，菲诺洛萨所说的“妙想”的概念究竟是什么。这个“妙想”因被注上了英文原音“idea”，所以其意常常与“构思”混为一谈。但我们现在看来译成“理念”才更贴切。据菲诺洛萨后来说，曾经有一个时期众多欧洲的画家倾向于对实物的摹写，而对妙想的表现却变得不那么重视，陷入了理学一派的境地。与此相比，不追求写实的日本画在妙想的表现上更胜一筹。从他的话中我们可以发现他并没有赞赏所有的日本画，比如一般被认为是极富妙想的文人画。菲诺洛萨说它在不追求写实的特点上虽然可以得到肯定，但它的妙想由于与“文学美术之妙想”混为一谈，如果把其称为“真诚之画术”就相当于把绘画与音乐相等同。菲诺洛萨认为妙想分为两种，一种是旨趣的（内容上的）妙想，一种是形状的（形式上的）妙想，文学见长于旨趣上的妙想，音乐见长于形状上的妙想，而绘画的妙想则介于二者之间。菲诺洛萨这种追求绘画纯粹性的“妙想论”实际上已经涉及了近代美术所追求的普遍标准，即形式主义的艺术观。菲诺洛萨从反写实主义的观点，列举了以表现妙想见长的日本画的长处。但他并没有把这些归结为独特的日本美。菲诺洛萨始终认为东西方艺术所追求的理想是一致的。他的这个观点与在《美术真说》之后高涨起来的、具有排他性质的国粹主义是相对立的。

总之，菲诺洛萨的《美术真说》终究把外国的对“日本美”的“发现”变成日本本国对“日本美”的“自觉”。这种自觉后来发展成“日本美自觉运动”。这个运动从反省何为“美术”开始，结合日本乃至整个东方的艺术观，拒绝囫囵吞枣地接受被译成“美术”一词的西方的“art”的观念。这个运动的开端就是小山正太郎与冈仓天心围绕着明治十五年（1882）在《东洋学艺杂志》上刊登的《书法非美术》一文的争论。

4. 何为“美术”

日本最早的美术的定义，出现在明治五年（1872）维也纳万国博览会之际，太政官（译者注：明治政府的最高政治机构）宣布的《出品借出劝请书》上。除了这个官方文书之外，最早从理论角度定义美术的是西周的《美妙学说》。西周在书中这样写道：“西方现今美术的范畴涵盖画学、雕像术、雕刻术、工匠术等，除此以外诗歌、散文、音乐或是中国传来的书法也皆属此类，都是美妙学原理的适用者，进一步也包括舞乐演戏之类。”但这一论述直到后来麻生义辉对西周重新评价为止一直不为世人所知（注2）。所以最早从美学的角度把美术介绍给了世人的应该说是菲诺洛萨的《美术真说》。这个时期在殖产兴业政策下实行的国内劝业博览会的规定上也出现了关于美术的记述。即美术是：“书写、写真及其他所有表现制品之精巧与微妙之处者。”（第一届展览会）“雕镂、刊刻、各种书画、百工图案工艺制品建筑装饰之图案。”（第二届展览会）上述的规定其实根本没有思考何为美术，只不过是遵照政府振兴出口产业的政策，记载了各式各样的美术工艺品的名目罢了。

小山正太郎

而且在博览会的展示及审查方法上，被优先考虑的“利益”也与“美术”混为一谈。在这种情况下，小山主张的“书法非美术”也是试着从利益至上的博览会中，把美术拯救出来。为了这个目的他才从西欧的“美术”或是“art”的角度来批评工艺品以及东方的书画。曾在工部美术学校接受西欧美术教育的小山，从这个角度来看问题也是理所当然的。小山说外国人无法理解在他们眼中看来像抽象符号一样的书法，所以无法像工艺品一样出口到国外。大概小山的这种讽刺性言论不过只是想间接地批判政府的美术政策，但却遭到了天心的激烈反驳。天心认为小山的观点是将美术利益与工艺利益相等同的“利欲开放主义”，有损人的道德，会将人变成“射利机械”。虽然天心有些曲解了小山的本意，不过他们之间的争论也激发出了一个重要问题，这就是应该如何正确看待视书画为一体的传统东方艺术观。一般认为天心的艺术论是在菲诺洛萨的影响下形成的。但天心把“书画”视为日本或东方特有的艺术传统，从这一点来看他与菲诺洛萨的艺术观是有明显区别的。这样看来，天心对小山的反驳实际上是为了展开自己的观点而作的一个铺垫，纯属一个战略性行为。此后，小山与天心的“书画争论”发展为“铅笔画对毛笔画的争论”，最后以小山的失败告终。这一结果引发了颇为严重的后果，文部省创办的东京美术学校取消了西方美术教育的课程。

至于书法是否美术的这个问题，在西周的《美妙学说》中只说：“中国之书法也属此类。”而菲诺洛萨在《美术真说》中虽然也把书画与音乐、诗歌、雕刻同列在“美术”类，但却没有说明判断书法的标准，只说：“完美无瑕能感动我们的便可称为美。”菲诺洛萨的观点类似我们今天说的“墨象”。但天心的观点却截然不同，天心认为书画必须一体。他的这个观点无疑是来自谢赫的“画六法”中的仅次于“气韵生动”的“骨法用笔”。

5. 东方的艺术观念“书画一致”

天心力图在“书画同源”的东方传统艺术观当中，发掘日本特有的审美意识。他在“日本美术史”的讲座中具体实现了这一构想。天心的日本美术史与当时已经出版的藤冈作太郎的著作都是我国最早的美术史。现在收录在不同版本的《天心全集》中的《日本美术史》是根据明治二十三年（1890）天心在东京美术学校的授课笔记整理而成的。这部美术史始于推古时代结于德川时代。天心贯穿在这部美术史里的理念是这样的：

> 西方绘画与雕刻并进，东方绘画与书法同行。因而西方绘画注重阴影表现，而东方绘画则以线条之粗细为表现。古人云，能书者亦能画。故笔力为东方绘画之基本，贯穿古今。

在这里天心重新拿出了西方绘画盛行后已经被人们弃之不理的东洋画论，这就是谢赫的《古画品录》的“画六法”。

天心认为排在画六法首位的“气韵生动”是与西方绘画相对峙的东方绘画的根本观念。天心说：“倘若不重气韵只重写生，今日的东方美术必定背离其系统。”相对于“气韵生动”，画六法第三位的“应物象形”即“所谓写生，在西方绘画中处于首位，认为美术离开写生便不能成立。但是，单纯写生也不能创造美。物与人存在着共通的美，这双美一致才是真美的精神。”而在这二者之间的就是第二位的“骨法用笔”。只有骨法用笔才是：

> 画之组织即用笔，画无筋骨不可。在西洋之画论，用笔应置于末位，但此处置于第二位是基于东方绘画与书法之联系，用笔成为绘画之精神，不仅止于形之妙，更因其有笔之妙味。西方绘画用阴影，至于线条只是几何学上没有宽幅的线，用来表现轮廓。东方用毛笔，线有肥瘦，笔中已能表现妙感。东方美术之精神是不能离笔而论的。

我们可以看到，从“书画之争”到“铅笔画对毛笔画的争论”，直至《日本美术史》，天心始终贯彻着自己的理论。对天心来说，只有“书画”才象征着东方或日本的传统美术。

6. 雕刻性与绘画性

为了让西方人更好地理解自己的东方美术艺术论，天心也曾用英文论述过自己的理论。在向西方人解释“气韵生动”这个词时，他简明地说道：“此乃六世纪某位中国画家对绘画的定义，乃在事物中可见的精神状态。”下面我们就来看一看与天心在《日本美术史》中的观点相呼应的言论，这就是天心于明治四十四年（1911），在美国波士顿美术馆举行的一系列演讲中的有关“东方美术中的自然”的观点。他说：

> 东方艺术是绘画性质的，而西方绘画则有雕刻的味道。东方艺术重视线条，而西方艺术则注重造型的表现。东方艺术表现的是二元，西方艺术表现的是三元。西方绘画从初期的意大利时代开始就用光与影来表现。东方在宋朝以后赋予了墨之浓淡以更深刻的意味。东方艺术以线为起源是颠扑不破的真理。

过去就有书法与绘画同一的说法。在中国，象形文字得到人们的厚爱，这种表意文字也是绘画性质的。同时绘画又是书法性质的。大概在初期这两种表达思想的方法并没有区别。即使在今日优秀的书法也是纯粹的线的音乐。在东洋艺术分类上占有最高的地位。在运笔上，它与我们的自然观很有关系。描写伎俩的美不只是实际描绘对象的技能，它更是笔势中隐藏着的抽象的美。

天心的这种认为西方艺术具有“雕刻性”、东方艺术具有“绘画性”的相对概念，不仅令人想起沃尔夫林（Heinrich Wolfflin）的《美术史的基本概念》。从《日本美术史》的讲座直至在波士顿美术馆的讲演中间相隔了 20 年。我们无法明确肯定这期间天心究竟吸收了多少西方美学史理论。但天心对于东方乃至日本的美的理念的基本态度却始终都没有改变。

在这里我们再次回到《日本美术史》尝试作一个大胆的推论。这就是天心的《日本美术史》是否可以作为“绘画史”或是“绘画审美意识的自觉史”来理解。这并不是说天心忽略了日本美术史中的雕刻。前面我们曾经提过，菲诺洛萨因为在奈良看到了古佛才开始关注日本美术，此后天心与菲诺洛萨参加了珍藏于法隆寺梦殿的秘藏佛像、救世观音佛龛的开龛仪式。这个事件后来成为天心一生中经常提及的最快之事。但令人意外的是，天心对镰仓时代雕刻的评价却是很低的。他说：“这一时代的雕刻虽然出现了运庆一派，但与绘画相比却呈现出逐渐衰败的趋势，值得一看的作品很少。”我们提到天心认为西方美术是“雕刻性质的”而东方美术是“绘画性质的”，之所以说日本美术是“绘画性质”的，天心从日本美术的历史发展角度作了解释。菲诺洛萨称赞的“希腊佛教美术”、推古朝到奈良时代的雕刻以及雕刻的原理，在“受到了唐代美术、即集顾、陆、张于一身的吴道子时代影响的空海时代”以后，逐渐被绘画，或者说是绘画原理所压倒。

天心把日本美术史大致分成古代、中世、近世的三个时期。

1. 古代：奈良时代
2. 中世：藤原及镰仓时代
3. 近世：足利时代

并把三个时代的特征这样说明：

1. 奈良时代；理想化的壮丽
2. 藤原时代：感情化的优美
3. 足利时代：自觉化的高淡

依据他的这个美术史观，日本美术发展的自觉性顶点正是以雪舟、正信的水墨画为代表的足利时代，也就是室町时代。天心归纳的这一美术自觉发展史，让人不禁联想起菲诺洛萨在东京大学讲授的黑格尔哲学。天心进一步说：“所谓足利时代，不仅限于足利氏的执政时代，近世四百年间的美术也都包含在这一名目中。”并且把它分为“东山时代”、“丰臣时代”、“宽永时代”、“宽政时代”四个时期。根据这一划分，曾经成为“重新认识日本美术”契机的“浮世绘”也不过只是近世狩野派绘画的末流罢了（注3）。当然天心的这一图式是否妥当仍是值得怀疑的。但不可否认的是此后学者们在论及日本的“美学”或是“美的意识”时，大多数都有向“室町时代”收敛的倾向。这大概是受到了天心归纳的“日本美学”体系的影响，它的是与非笔者在这里不过多涉及，将在其他著作中加以论述。

第三章 “日本美术史”与“东方的理想”
——美术史学的构想

日本的“美术史学”究竟是在什么时代以怎样的形式出现的呢？中国在很早的时期就出现了《古画品录》、《历代名画记》等画论，日本也有《等伯画说》、《本朝画史》等。但现在我们理解的“美术”的“历史”即“美术史”这门学问是在明治以后的近代才产生的。日本最早的“美术史”是帝国博物馆主任冈仓天心在明治二十九年（1896）编撰的官方美术史《稿本日本帝国美术略史》。在两年前《大日本帝国宪法》出台，一年前开设了帝国议会，也就是说，在这个时期日本效仿欧洲近代国家的体制正在逐步形成。由此可见，为了万国博览会而编撰的这部美术史也意在向外国显耀国威。有人说构成这个美术史的历史观正是在后来出现的《日本史》之前出现的“皇国史观”，冈仓天心的《日本美术史》也基于相同的历史观（注 1）。确实，在这一时期冈仓天心是日本美术行政界的中心人物。但凭此就说天心在东京美术学校讲授的《日本美术史》在形势与内容上都是在贯彻“皇国史观”的判断也是片面的。

天心在东京美术学校建校的第二年，也就是明治二十三年（1890）开讲的美术史一直持续了三年，这个讲座是首次在公开场合授课的美术史。听课的学生很多是东京帝国大学、早稻田大学、庆应大学的旁听生。其中就有日本最早的美术史《近世绘画史》的作者藤冈作太郎，当时他也是旁听天心讲座的东京帝国大学的学生之一。但奇怪的是藤冈在《近世绘画史》的序言中写道：“关于书中事实，受教于滨尾新、小山正太郎诸氏教诲甚多，谨此感谢。”这里并没有出现对天心的谢词。藤冈对天心的某些行为甚至是持批判态度的。即使如此，他的美术史的记述基本上可以说是来自天心的观点。

在《近世绘画史》开篇的“古代略记”部分，藤冈将近世日本绘画的发展分成了五个时期。分别是：

第一期：狩野全盛
第二期：横流下行
第三期：旧风革新
第四期：诸派角逐
第五期：内外融和

他在第五期中写道：“概说明治初年以来的三十五、三十六年。”并把这一期又分成五章，分别是：

第一章：画运衰微
第二章：文人画之盛行
第三章：西洋画之振兴
第四章：发扬国粹
第五章：现代之盛运

从这个划分来看，藤冈是把狩野派作为日本的正统，并以它为轴心来论述近代日本绘画的盛衰的。如果是在那个狩野派还是将军及大臣的专用画师的时代，也就是狩野派的全盛期，藤冈的这个看法是理所当然的，但在狩野派已经衰败以后，依然把其看成日本绘画的正统，就让人不由得联想到致力于复兴传统的冈仓天心了。

天心倡导的日本美术复兴运动，经常被误认为是狂热的国粹主义，实际上它与国粹主义在本质上是不同的。从我们今天的角度来看，天心倡导的运动实际上是一种文明批判，即对“文明开放”的名义下强行导入的、像无根草一般的欧化主义的批判。天心为了实现自己的理想，选择了一个关键人物，他就是狩野芳崖。但是，天心为什么把已经奄奄一息的狩野派摆到日本绘画正统的位置上呢？也许天心认为西欧从日本浮世绘及工艺品的角度理解日本美术是片面的，所以才申明日本本土的“艺术”究竟是什么的主张，这也是他的战略性策略。他的意图清楚地表现在官方美术史《稿本日本帝国美术略史》中。

以浮世绘来评价日本的美术，原本就是我们所不知晓的、来自外部的、任凭西方的恣意认同。对此，我们用基于我国固有文化传统的看法来反驳，双方的看法只能成为两条平行线。我们需要的是一个之所以把狩野派视为正统的、双方都认同的说明。如果只是用画史画论里的陈词滥调来说明它的由来的话是没有任何说服力的。

天心在东京美术学校，继《日本美术史》讲义之后，还讲授了日本最早的西方美术史《泰西美术史》。此后隔了一段时间，在明治四十三年（1910）四月至七月，作为东京帝国大学文科讲师，开设了《泰东巧艺史（东洋美术史）》。在绪论中他是这样说的：“菲诺洛萨，认真研究泰东美术……其结论正确的颇多，在介绍系统化的研究方法上功不可没。”那么，菲诺洛萨介绍的“系统化的研究方法”或者说他本质的思想究竟是什么呢？听过菲诺洛萨讲义的井上哲次郎是这样回忆他的：“他讲授的虽然是进化论，但并不像普通的进化论者那样只讲进化，而是结合德国哲学，特别是黑格尔哲学里的进化思想与科学的进化思想，把它们合二为一，进行新的尝试。”

天心最初的美术史研究尝试《日本美术史》就是运用这样的黑格尔或是斯宾塞的进化思想，从艺术精神自觉性的展开角度进行论述的。他说：

> 无心（幼稚）的与自觉（成人）的，这二者实际上是同一个问题。随着人的成长无心之能渐少，这是不得已的事情，随着社会的开化美术界逐渐自觉化也是自然之理。明治的今天是迄今为止最富有自觉性思想的时代，大家皆有自觉之心。

在具体说明黑格尔式的进化思想之前，有必要先来了解一下在明治这个启蒙时代自觉成长起来的天心的精神世界。

如果说《日本美术史》的理念构成是精神自觉史的话，天心在相同时期讲授的《泰西美术史》即《西方美术史》又如何呢？天心从古埃及说起，直到希腊、罗马、中世纪基督教美术，然后又从15、16世纪的复古时代说到近世的美术史，他这样整体性的论述、按照时间顺序列举事实，难免给人以平板的印象。我们可以在东京艺术大学艺术资料馆保存的旧记录本上找到天心可能参考过的西方美术史的英文书籍（注2）。这些都是一些普通的概述性书籍。但即便是概述性的说明，由于它是首次向人们介绍西方美术的发展过程，所以同样具有重要的意义。“拜占庭（古基督教美术）”、“罗马时代”、“哥特时代”等这些沿用到今日的美术史用语（英语），都出现在《泰西美术史》讲义以后。对于“近世”的定义应该是“从公元1500年至今，也就是说四百年前到现在”。当然在《泰西美术史》的那个时期，“巴洛克”、“哥特”这样的形式概念还没有登场。“文艺复兴”被称为“复古时代”，并加上了“在以太利（意大利——译者注）的土地上展开”的注释。后来被称为“巴洛克”的时代，也被赋予了“复杂时代（Bizarre）”这一词。在涉及同时代的艺术家的部分中，最值得注目的是，他提及了日本人喜好的巴鲁比松画派的米勒和柯洛，以及当时被称为“灵感派”的印象派。更有意思的是，在雕刻部分出现了这样的记述：“在新锐派中有一个叫罗丹的人。”高村光太郎最初在照片上看到罗丹的“思考者”是在明治三十七年（1904）。在这以前，有关罗丹与其艺术的最早记述是久米桂一郎的《一千九百年的巴黎万国博览会临时博览会事务局报告下卷》（1902年3月30日发行）中的《法国现代美术》（中村传三郎《明治的雕塑》）。天心的《泰西美术史》讲座是在明治二十三年（1890）、二十四年（1891）、二十五年（1892）分三次进行的。我们这里参考的是《冈仓天心全集》的第四卷、平凡社收录的明治二十五年（1892）的《泰西美术史》讲义笔记。

在《日本美术史》的绪论中我们可以看到天心的具体构想是这样的：

首先列举沿革之概略，其次指出其时代精神如何、经济状况如何、与文学宗教的关系又如何。各时代的大艺术家如何支配时代，同时又是如何受到时代的支配，以及如何使后世受益。所有这些都必须研究。我并非熟知以上诸项，然缺其一便不能称之为完整之美术史。

从我们今天的视点来看天心的美术史的构想，可以说把他的美术史称之为文化史也许更确切。那么是否凭此就可以说天心不是一个真正的美术史研究者，而是一个对艺术品弃置不理的观念论者呢？实际上，在鉴赏美术作品上天心的眼光是非常出色的。比起被众人夸张地授予“狩野永探”之名（所谓永探的永取自于永德，探取自于探幽）的菲诺洛萨，可以说天心的鉴赏力更胜一筹。我们可以参考天心的另一部美术史讲义《泰东巧艺史》来了解天心对艺术品的关注程度。

例如，天心提倡“研究巧艺史之际，应该注意的是捕捉事物从而具体论述”的重要性。他说：

于今日之巧艺史须研究形式。文献仅为外部之证明。莫勒里认为不能凭颜料或是流派来鉴定，而是应收集众多难于模仿的细部，比如说泪腺、耳垂、小指等，并分析其特点。比奥陆逊等人的古典美术玩赏，没有任何记录，即便有也是混乱的。相比之下，Anicodel Boteialei 是认真的，只对有参考价值的东西进行记录与鉴定，着重比较形式，记录只是参考。（注 3）

莫勒里的著作《意大利绘画的美术批评研究》是于 1890 年至 1893 年出版的。而正是在这一时期，天心开讲了《日本美术史》。也就是说，从最初的《日本美术史》到后来的《泰东巧艺史》中间经过了二十年的岁月。从 19 世纪末到 20 世纪初的这段时间，美术史的研究方法有了重大的突破。这一时期，天心就任了波士顿美术馆东洋部顾问。他有足够的机会了解欧美国家在美术史研究上得到了怎样的发展。当时担任天心《泰东巧艺史》讲义助手的是中川忠顺。在众多听课的学生当中，有儿岛喜久雄、上野直昭、黑田鹏心、和辻哲郎这些对日本美术史研究产生了巨大影响的重要人物。由此我们可以想像，《泰东巧艺史》讲座，在很多意义上，都对后来的日本美术史研究产生了不容忽视的影响。

下面我们来看一看，黑格尔的进化思想对天心最初的美术史、艺术精神的自觉史构想《日本美术史》产生的影响。首先，天心是这样区分日本美术史的时代的：

> 日本美术史大致可以分为古代、中世、近世这三个时期。古代为奈良朝，中世为藤原时代，近世为足利时代。奈良朝主要是雕刻，富有理想的观念，其佛教思想以小乘为中心，认为人界无法接近佛界，佛像必须具有比人更高尚的地方……中世美术是感情化的，产生于人的感情，其宗教思想是以秘教为中心的即身成佛，人具有佛的感情，佛也具有人的感情，人佛之间相差不远……这种思想一直延续到镰仓时代，产生了感情的美术……到足利时代后，藤原时代的感情变得自觉，讲究自成其形。所以，日本美术具有理想、感情、自觉这三个性质。自觉的思想，在维新前一直支配着日本美术，像探幽就受到了这一思想的支配，而现今，应举虽以写生尝试其变化，但也属于这一思想范畴……总而言之，奈良朝理想化而壮丽，藤原时代感情化而优美，足利时代自觉而高淡。

日本美术史中的小乘佛教，从“人界无法接近佛界”的思想中产生了理想化的美术，直至基于净土信仰的大乘佛教，从“人也具有佛的感情，佛亦具有人的感情，人佛之间相差不远”的思想中产生了感情化的美术，最后过渡到禅宗的“自成其形”。这一自觉化美术的历史演变，我们也可以理解为，黑格尔美学系统中的绝对精神的自觉过程在佛教思想中的演变。

天心认为，古代与中世的美术，在国外也许存在可以与其相比拟的，但国内“没有谁可以与足利时代的雪村、雪舟相提并论。这一足利时代的思想也支配着今天，桥本雅邦的作品就源于这一思想，圆山应举的写生一派也基于这一思想”。天心所说的足利时代，不只限于足利氏执政时期，也包括此后的近世四百多年，可以分为四期。

第一期：东山时代。在东山义政思想的基础上诞生的雪舟、政信等人代表的足利繁盛期。

第二期：丰臣时代。以丰臣秀吉为中心，元信以后，足利时代的华美因丰臣的喜好而诞生，以永德为代表。

第三期：宽永时代。从宽永至元禄，以探幽、常信、一蝶、光林为代表。

第四期：宽政时代。诞生了应举、吴春等，以写生尝试足利时代的变化。

天心认为，在这以后的日本美术虽然也产生了文晁、抱一等值得一提的画家，但整体还是走向了衰败，到了狩野派濒死、土佐派奄奄一息的地步。在这样的艺术精神自觉史中，天心是这样定位浮世绘的：“在这一期间，浮世绘虽得到了长足的发展，并给社会下层赋予了一种美术形式，但对日本美术整体的影响很少。虽伴随着当时主要的画风而进步，但并没能支配整个美术界。”这实际上就是认为浮世绘不过是被排除在日本美术主流之外的二流艺术。

明治三十六年（1903）伦敦的 John Murry 书店出版了天心的《东洋的理想》。书中出现的日本美术的发展过程，明显是套用了黑格尔的图式（注 4）。天心是这样说的：

> 只有精神对物质的征服，才是推动这个世界的力量应努力追求的目标。不论是东方还是西方，文化的划时代阶段都是这样的征服以及征服后的胜利进一步得到强化的结果。欧洲学者乐于用三区分对过去的艺术发展进行分类，虽然好像不够精密，但也有其必然的道理。之所以这样说，是因为人生与进步的根本法则，不只构成了艺术史基础的全部，同时也构成了一个又一个的艺术家与流派的出现与成长的根底。

天心说的“三区分”其实就是黑格尔美学的“象征性”、“古典性”、“浪漫性”这三个概念。

首先，天心是这样说明象征性的艺术形式的：

> 东方也曾经有过象征性的、或者说是形式主义的时代，这是物质或是物质形式的法则，支配艺术的精神部分的时代……日本艺术的第一期，也就是说从它的诞生到奈良时代的初期，虽然浸透了佛教最初在北方的发展中产生的极为纯粹的理想，但因其以形式与形式美作为艺术性优秀标准的基础，也应属于这一范畴。

天心继续说道：

> 古典期把美作为精神与物质的统一……帕德嫩神殿的菲迪亚斯与普拉克西特利斯的不朽石雕是这一时期最纯粹的表现，在东方代表这一阶段的是北传佛教的第二流派。它是在印度及多王朝影响下，达到了唐代与奈良时代的最高潮，即客观的理想主义。但是不久就宿命性地僵化成了具体的宇宙论。这一时代的日本与希腊、罗马时代的作品之所以具有亲缘关系，就是因为这一时期日本与西方具有古典观念的精神环境，二者在根本上是类似的。

在这里我们有必要再次提起，菲诺洛萨发现日本美术传统的契机是在明治十三年（1880）京都、奈良的旅行中邂逅的日本古典美术。菲诺洛萨在《东亚美术史纲》中说：“日本最初对希腊式佛教美术所进行的伟大实验，大概就是在奈良平野西部的沙丘下面，即现在的郡山北部。1880年，我在那里众多的佛教碎片和那些令人感兴趣的废弃物中，发现了一尊可视为希腊式佛教原型的佛像。”

天心在《泰东巧艺史讲义记录》中强调西欧的学者，对美术鉴赏的标准都是以自家为本位，即以希腊、意大利为本位。他们也惯于用这一标准来评价东方美术，相似的就是优秀的，不相似的就是拙劣的。他还说：

> 尊崇希腊罗马美术，是文艺复兴这一近世文明基础的一大原动力，它持续至今。考古学（Archaeology）的正式用法仅限于希腊罗马之学（Classical archaeology），待到温科尔曼编辑泰西美术史，日益受到尊崇。审美学最初重视的课题是追求美的共同标准，而这一标准就是以希腊美术为标准。希腊美术实为欧洲首位，是值得我们敬服的。

天心编写的美术史以追求“日本”的美术史为目标，但它必须同时也是日本的“美术史”。它要有真正的美术所共有“美的标准”，也需要用系统化的科学方法来历史性地记述美术作品。天心就把黑格尔从精神自觉史的角度对历史的解释，作为这种系统化的科学方法的范本。于是，被天心誉为“印度·希腊风格”的、菲诺洛萨发现的“希腊式佛教美术”就成为了温科尔曼以来的古典主义“美之标准”的东西结合点。天心还在日本美术史中，用“日本独特的美术”来与其相比较。

有关最后的“浪漫的”艺术形式，天心是这样说的：

> 在近代人的生活与思索的底部，燃烧着火焰般的个人主义，它冲破了古典的外壳，迎来了蜕变为精神自由的机会。精神不能不为征服物质而存在……全世界共通的近代观念必然朝着浪漫主义前行。拉丁民族与条顿（日耳曼）民族，尝试着客观同时又物质主义地追求浪漫主义的理想……足利时代以后的日本精神……从主观而又是理想主义的角度来接近问题。……日本艺术经历了足利这一鼎盛时代以后，在丰臣时代、德川时代虽然呈现出堕落的征兆，但却始终坚定地保持着视东洋浪漫主义理想，即精神的评点为艺术最高追求的态度。

在黑格尔的美学中，“象征性”、“古典性”、“浪漫性”这三个概念，不只作为艺术历史发展的原理来运用，同时也作为艺术体系的分化原理来运用。即规定建筑属于象征性艺术，雕刻属于古典性艺术，绘画、音乐、诗属于浪漫性艺术。天心的日本美术史构想，根据黑格尔的艺术领域的分化原理组成。比如，天心说：“奈良时代的美术主要是雕刻，绘画也从属于它。在受到唐代美术影响的空海时代绘画逐渐压倒雕刻。在这一时代绘画受到了集顾、陆、张三家之大成的吴道子的影响。”而且，天心的日本美术史把足利时代的绘画视为绘画发展的顶点，认为它实现了“东洋浪漫主义理想”。

前文中我们已经提到，明治四十四年（1911）、天心在波士顿美术馆举行了一场名为“东洋美术中的自然”的讲演，在这个讲演中他是这样比较东西艺术的特色的。他说：

> 东方艺术具有绘画的性质，而西方艺术具有雕刻的性质。东方艺术执着于线条，而西方艺术注重造型的表现。东方艺术表现二元，西方艺术表现三元。从初期的意大利时代开始，西方绘画表现光与影。在东方，从宋朝开始的墨的浓淡分配，虽然有了上述的意味，但其真理仍是以线作为起源（注5）。

在日本美术史的绘画原理逐渐压倒雕刻原理的过程中，可以发现日本美或东方美的本质。但是这种把黑格尔美学巧妙地运用到日本美术史的构想，也存在一定的问题。与奈良时代并肩形成了日本美术史的一个高潮的镰仓时代的雕刻，究竟应如何评价与定位它呢？天心是这样回答的：“这一时代的雕塑虽然产生了运庆一派，但与绘画相比还是呈现了衰颓的现象，值得一看的作品仍旧很少。”天心的这种说法是很难得到认同的。我们不得不说，这种说法是牵强的，暴露了图式化的破绽。

因为天心不仅是一位理论家，更是一位志在振兴日本美术的实践家、活动家，所以他不只把美术史当作理论来研究。《日本美术史》的讲义是他在行动中得到的正确理念，他对此深信不疑，要用它来指导实践。天心与菲诺洛萨携手开展的传统美术复兴运动，首先认识到足利时代觉醒的“日本的艺术”现今已经走向了衰颓的道路。天心还指出欧洲美术界的现状与日本相同，他说：“文艺复兴时期虽然达到了天真烂漫的真挚风趣，但如今已经丧失殆尽，无迹可寻。这即是欧洲美术四百年来的状况。”天心进一步说：“‘为了美术的美术’的这种美学思想广泛流行于西方诸国，倘若美术不追求实用，一味使人心快乐，美术岂不成了一种伎俩。我很难赞同这种说法。美术除了追求其自身的精美外，如果不能反映当时最高的宗教与文学，就很难说是真正的美术。”简而言之，天心是在呼唤形式化艺术的精神性回归。正是出于这个目的，天心才在东京美术学校讲授日本美术史。天心的理念所追求的目标，便是传统美术的复兴运动。而这一理念的最终实践便是日本美术院的创建。

但是，这样的构想真是天心的独创吗？我们在上文中提到在《东洋的理想》的序文中，一位英国妇人这样写道：“在某种意义上，可以说冈仓氏是日本的威廉·莫里斯，而日本美术院则是日本的梅顿修道院（Merton Abbey）。在这个美术院，除了日本的绘画与雕刻以外，也有漆工、金工、铜铸、陶瓷等各种装饰艺术。这些会员们在保持发展日本国民特有灵感的同时，对西方现今的艺术运动中的杰出表现也表现出共鸣与理解。”在这里，日本美术院发起的振兴传统美术的运动与莫里斯发起的美术工艺运动被联系在了一起。莫里斯的美学思想来自评论家罗斯金。天心在任欧洲美术调查委员时，购买了罗斯金的著作。事实上，在天心的日本美术史中也介绍了罗斯金，说他是一个诗人。也许我们现在很难想像，实际上在罗斯金的时代他的艺术论广为知识分子阶层所知。提起艺术与工艺运动，我们必然会想到密莱（Millais）、罗塞提（Dante Gabriel Rossetti）倡导的拉斐尔前派运动。这两个艺术运动的共同之处是对艺术现状的严厉批判以及对过去优良传统的憧憬与回归。艺术与工艺运动以中世纪手工艺者的技艺为理想。拉斐尔前派反对注重技巧轻视精神性的学院派，认为拉斐尔以前的绘画是最理想的。拉斐尔前派的源头，可以追溯到作为德国浪漫主义一派的那撒勒派的文化运动，这一文化运动视中世纪的德国以及意大利文艺复兴时期的艺术为理想。天心所提倡的“东方的浪漫主义”，实际上就是这一文化运动的“日本式的应用”。但二者所追求的目标都是“国民艺术”的创造与再生。

在19世纪的一个时期，这场浪漫主义运动风行了整个欧洲。虽然天心并没有言明这个声势浩大的艺术运动与自己倡导的艺术运动的理念存在着怎样的关系，但无论如何，他不会对这个运动一无所知。平凡社出版的《冈仓天心全集》第八卷中，收录了明治二十三年（1890）与天心同时在东京美术学校讲授“美学”的菲诺洛萨的授课笔记。菲诺洛萨被明治政府聘请到日本，明治十三年（1880）在东京大学讲授“审美学”。在日本的美学史中，这是最早开设的大学美学课程。由于现在我们已经无法了解到它的内容，这个明治二十三年的菲诺洛萨的美学讲义笔记就成了异常珍贵的资料。在笔记的开头是这样的：

> 世界上还没有固定的美学，它也不具备其他科学那样成熟的学理。因此我在此所讲授的只是个人的一己之见。19世纪之前的美术，虽然对其整体的考察始终未中断，但并未形成理论（注6）。欧洲尚且如此，东亚到近年为止根本就没有美学。我有幸生于这个美学诞生的时代，立志研究发展美学。今日东西方美术方法各异、主义不同。如果真正的美学得以建立，它一定普遍适用于东西方美术。我们的当务之急就是要弄清，美术究竟是什么、如何区分美术与非美术的界限。现在的人们多滥用美术之名，说法各异，尚未出现一致的观点。

从这段话的叙述中，我们可以发现菲诺洛萨的“美学”不过就是从《美术真说》出发的美术论，只不过加上了他个人的艺术观。也可以说是菲诺洛萨对19世纪后半叶欧洲美术界的混沌状况的报告。其中可以看作美学论述的部分是菲诺洛萨言及的、特尼的艺术哲学与罗斯金的艺术论。天心是这样介绍特尼和罗斯金的：“英国的特尼是一位社会学者，从社会与历史的角度出发论及美术。法国的罗斯金活跃于五十年前的时代，那时还没有出现‘再现与非再现论’。他有诸多著作，难以逐一评论，其中题为《近世画家》的著作最为可取。”（这里特尼与罗斯金国籍弄反了，很难断定究竟是原文笔记的错误还是印刷的错误。）菲诺洛萨关注的是罗斯金的艺术论，他说的美学只是罗斯金艺术论的介绍。之所以举了莫里斯与拉斐尔前派的例子，也是因为他们与罗斯金的理论有关。

大冈信也很关注天心的《东洋的理想》，特别是“第十四章 明治时代”，他说：“从天心的著作中可以看出，他很赞同以罗塞提为中心的拉斐尔前派艺术思想运动以及这一运动的指导思想、罗斯金思想。”虽然无法通过天心的言论来证明这一时期的英国浪漫主义思想对他的影响，但不能否认的是，天心提出的在回归传统基础上对新国民艺术的自觉性创造与拉斐尔前派、艺术与工艺运动的理念基本上是一致的（注7）。

从我们今天的角度来看，天心的美术史方法论或许存在不妥的地方，但不能否认天心是企图以国际通用的科学性组织方法，来重新认识停滞在画史画论阶段的旧有日本美术史的第一人。他的美术史构想并非只是想把史实整理成有组织的理论。他的美术史同时也是把人们引向他倡导的“东方浪漫主义”理想的理论指导。事实上，天心的浪漫主义融汇了两个浪漫主义，一个是黑格尔式的、超越物质升华到更高的精神世界的、“近代精神”的浪漫主义，另一个是从批判近代艺术与文化现状出发主张回归传统的、复古浪漫主义。依据这两个不同的方向，我们可以看清冈仓天心在《日本美术史》中的最初目的以及他的理论构成。这样我们才能正确地评价，冈仓天心作为日本最早的美术史研究者的先驱意义。

第四章　森鸥外与“美学”

——明治美学史初探

在位于奈良西之京的药师寺里，耸立着一座名塔，名为东塔。这座塔不知从何时开始被人们赞誉为“凝滞的音乐”，有了这个名字后，它也就当之无愧地成为了日本最美丽的塔之一。它优美的三重塔身高耸入云，裳层（译者注：塔檐下的一层防雨雪的檐，也称“雨打”、“雪打”。）的装饰让它看上去更像是六层，层与层之间的交替让人感到无穷的节奏感，而那技艺完美的镂空塔尖，仿佛随时让我们聆听到仙女弹奏出的美妙乐曲。有这样感受的人恐怕不只笔者。很多人认为“凝滞的音乐”的这一形容是某一位诗人在仰望东塔时，被它的美所震慑而从灵魂深处迸发出来的辞藻。如果翻阅一下《韦氏辞典》（Webster's International Dictionary），就会发现这个“凝滞的音乐”的解释是“建筑用语、谢林的词汇”（Architecture; Schelling's description）。在谢林的《艺术哲学讲义》（1802—1803）的“特殊部门”一章中，论述建筑的部分里出现了这类的表现。谢林把建筑规定为“空间的音乐”，并把它称作“石化的音乐”、“凝固的（凝滞的）音乐）。这一把建筑与音乐相提并论的说法大概是来自谢林曾经借用的 A. W. 舒勒格尔（Friedrich von Schlegel）的《柏林讲义》（1801）的笔记。

关于“凝滞的音乐”的这一表现有两种说法，一种说法是谢林独创的，还有一种说法是谢林从舒勒格尔那里得来的。不论是哪一种说法，我们都应该知道，这个词不只是属于东塔的，它在浪漫主义时代已经广为人知了。

但问题的重点在于是谁、在什么时候，把谢林的这个词汇借来用以赞美东塔。虽然现在我们无法从文书与记录中找到答案，但有一种比较令人信服的说法是菲诺洛萨。众所周知，菲诺洛萨是对重新发现与振兴日本传统艺术作出了重大贡献的人物。从这一点来看，这种说法也是有一定根据的。而且菲诺洛萨作为“请来的洋教师”，在东京大学教授经济学、政治学，还有哲学。据说他的哲学还是康德、黑格尔的哲学。也就是说，从哲学史的发展进程来看，他应该也对谢林的哲学思想有所了解。如果是这样的话我们就可以说，“凝固的音乐”这一赞词是最早在我国出现的、带有谢林美学思想烙印的象征性词汇（注1）。

一个与此有关的重要事实，也值得我们注意。虽然用的是英语，但菲诺洛萨在这里介绍的其实是德国哲学。我们进一步要考虑的是西欧哲学思想是通过怎样的过程传入我国的。曾经听过菲诺洛萨讲座的井上哲次郎这样回忆：

> 菲诺洛萨虽然讲的是进化论，但并非像普通的进化论者一样只讲进化论，而是结合德国哲学一起讲。他尽量把黑格尔哲学的进化思想与科学的进化思想融会贯通，并在这个基础上寻求突破。

井上哲次郎把明治哲学界的思想发展分为三个阶段。

第一阶段是明治初年（1867）到明治二十三年（1890）的启蒙时期，这一时期英美法的思想家占主要优势，比如说米卢、卢梭等。

第二阶段是明治二十三年（1890）到日俄战争（1905）结束，日本哲学界的主流让位给了德国哲学。

第三阶段是明治三十八年（1905）到明治末期（1912），在这一时期哲学界终于有了世界范围的视野与社会学的角度。

1. 西周与“美学”

西周是最早从科普与启蒙的角度，在日本传播西欧美学思想的人，在介绍美学思想的同时，他也积极传播了其他哲学思想。西周与森鸥外是同乡，都来自山阴地区一个叫津和野的地方。森鸥外第一次离开家乡来到东京时，就寄宿在西周家。而且森鸥外的第一次婚姻也是西周做的媒。后来因为森鸥外离婚，两人的关系有些疏远了。即使如此，西周去世后，森鸥外仍为他写了墓志铭。西周于庆应三年（1867）在京都的私塾讲授美学，后来在明治七年（1874）出版的《百一新论》中西周提出“百教一致”的思想，即“百教趣旨之极意所在皆归于同一趣意”，他还说可以把构建诸教的根本方法译成哲学（philosophy），在欧洲自古至今哲学都被学者们所论述（注2）。并进一步说道：“美学属于人性学（anthropology）的范畴，被称为善美学。”文中他多次使用了“善美能好”的这一词汇，对于这个词汇他是这样解释的：

善现于形为美，现于事为能，现于物之质则为好。

由此可见他的这个“善美学”的名称是源于古希腊“善美一致”的思想。

西周

明治三年（1870）出版的《百学连环》也是一本具有百科全书性质的书，与《百一新论》相比，它的思想内容与组织结构更为充实完备。书中有关美学部分的介绍虽然很简略，但从古希腊美学的起源讲起一直到温克尔曼创立美学这门学科，并且把以人类理性智慧为基础的“知行思”的能力与“真善美”相联系，论述道：“把知变为真的是致知学，把行变为善的是名教，而把思变为美的是佳趣论。”这里美学是“佳趣论”也就是美好趣味之论，实际上就是把康德、米卢的归纳实证主义应用到美学经验主义，具有明显的心理主义倾向。

西周的美学论归纳在明治五年（1871）一月出版的《美妙学说》中，这是我国第一部独立的美学书籍。全书共由四章构成，开篇第一句话是：“哲学之一种称为美妙学，与美术相通，穷美术之原理。”

第一，他论述了作为哲学的一个分支的美学的成立与其研究对象。人生来不仅具有分辨善恶的能力而且“人性中还具有辨别美丑的元素”，这就是美妙学的元素。《百一新论》中的“善美一致”思想是把美与道德相结合，但到了《美妙学说》则又加深了一步，开始从心理学的角度论述美学了。

第二，他分析了美的元素，即构成美的体验的契机。美的元素分为“存在于物的元素”与“存在于我的元素”。存在于外部的元素即便是动物或多或少也能够感受，人类固有的存在于内部的“想像之感受性”也就是发挥“想像力”来感受。并说“幼年时便可看出想像力之开发”。显然他的这种思想受到了斯宾塞生物进化论美学的影响。

第三，具体地举出自然物、文学、音乐、协调的色彩搭配来详细论述人类通过感官能够感受到的美丽事物即“美妙学之外部元素”。他说道：“天地间万物之文章，皆由异中存同，同中存异而产生。”并称之为“异同成文”。也就是强调美的根本是多样的统一。

第四，论述了“美妙学内部之元素”，说他是人之情，刚才提到的想像力可以来帮助它。以人情来令人感动。而人情又分“道德之情”与“美妙学之情”后者是“喜怒哀乐爱恶欲之七情，不因人的利害得失而产生”，“有趣与可笑”这类“所谓无罪之作用与人类的道德毫不相关”。这里虽然是一种非常朴素的表现，但可以说他实际上已经流露出“没有关心的满足”的这一思想。最后他总结到历代各国的元首都致力于振兴美术。这种倾向于实践性质的、带有功利主义色彩的结论也反映出明治这个带有启蒙意义的时代的特色。

虽然在今天西周被认为是屹立于日本哲学思想史原点的人物，但曾经对他的评价还远不如福泽谕吉与加藤弘之，当时明治的研究者们并没有关注到他的书稿。原因之一就是由于他正式出版的著作很少。大久保指出这与军部有关，因为他的工作保密的部分很多（注3），《军人敕论》就是西周起草的。昭和八年（1933）麻生义辉发行的《西周哲学著作集》出版后，西周作为一个思想家的存在意义才变得明确化。说起麻生专注于研究西周还是一段奇缘。麻生最初想从事的是日本美学史的研究，但偶然在杂志《太阳》上看到《美妙学说》稿本的照片后，他把自己的研究方向转向了西周。这张照片刊登在明治四十年（1907）六月发行的《太阳》的增刊《明治著作集》上（注4）。这期增刊是为了纪念博文馆建成二十周年而发行的。除了《美妙学说》的稿本之外，同时还刊登了西周的肖像与笔记的照片。而且，这期增刊还翻刻了《百一新论》，使得它的全文第一次为世人所知。

在《美妙学说》稿本的最后写着"又一月十三日御前演说"。在这里虽记录了月日却没有说是哪一年。麻生说应该是明治五年（1872），但大久保却认为是明治十年（1877）前后才更为妥当。如果按照麻生的说法，美术这个词最早的用例就应该是出现在《美妙学说》中。书中是这样写的：

> 西洋现今美术中有画学、雕像术、雕刻术、工匠术，另外诗歌、散文、音乐、书法也属此类，皆适用于美妙学原理，而且舞乐与戏剧也可算作此类。

但到目前为止一般认为美术这个译词最早是出现在明治五年（1873）维也纳万国博览会举行之际发行的出品邀请书中的出品规定上（注5）。即"为美术（西方把音乐、画学、造像术、诗学统称为美术）博览场之工作而用"的这一句。

2.《美术真说》与《维氏美学》

与美学有关的著作，如果不看时间先后的话，对我国明治时代的美术界产生了巨大影响的艺术论，应该首推明治十五年（1882）五月龙池会在上野公园教育博物馆主办的一场讲演。讲演者是文部省聘请来的外国教师菲诺洛萨。他的讲演经过大森惟中笔录整理为《美术真说》，于同年十月发表在龙池会的珍藏版上。这个讲演最初目的是从实用的角度来阐述振兴美术的具体政策，菲诺洛萨说

“目的在于介绍适用于实际的主要观点，但为了证实它的合理性有必要涉及一些理论”，所以他介绍了西欧一般的美术理论，从而说明自身理论的根据。虽然他说的不过是古典主义的艺术论，很难说是他个人独特的见解，但由于当时日本的画论整体还停留在“气韵生动论”的阶段，菲诺洛萨的理论听起来就令人感到新鲜、具体又有组织性了。

菲诺洛萨首先介绍了与美术有关的几种观点，“伎俩精巧说”、“快乐说”、“自然模仿说”，但最后说无论哪一种都与美术的本质没有关系。他说：

> 美术的性质不在作品与外物的关系，毫无疑问它的性质存在于事物的内部，若静坐潜心熟视其性质，则神驰而魂飞，爽然而自失。

菲诺洛萨认为美术的关键在于是否有妙想，他说：“保持内在的关系，始终与其相依，总会产生一种完全而又唯一的感觉，即所谓美术之妙想。”区别美术与非美术就要看有没有“妙想”。菲诺洛萨还比较了当时以逼真的技艺让人们倾倒的西洋画与日本的传统绘画，断定日本画在表现“妙想”的方面更胜一筹，提出保存、维持、复兴、发展传统的重要性。他的这次讲演遏制了工部美术学校推动的西洋画蓬勃发展的趋势，激发了美术界国粹主义在骤然间东山再起。在当时的明治画坛，菲诺洛萨的《美术真说》是充满着斗志与煽动性的少数派，它很快被传统主义者们接受并利用。后来，菲诺洛萨的理念甚至成为文部省创办的东京美术学校的治学方针，而这所学校最终取代了工部美术学校的地位（注6）。

菲诺洛萨讲演的转年，也就是明治十六年至十七年（1883—1884）文部省委托中江兆民翻译了维隆的《美学》。这本名为《维氏美学》的著作分为上下两册由文部省编辑局出版。现在我们使用的美学这个词就是出自这部译著。但令人感到讽刺的是，恐怕没有什么著作要比这部书介绍的美学更加“反美学”了。维隆在绪论中先是从古希腊的柏拉图思想说起直到现在的学院派理论，提及的思想家有柏拉图、康德、谢林、库辛等。但随后笔锋一转，说这个美学的历史基本上都是形而上学的空理论，看上去条理井然但实际上不过是在“屋下建屋”。在绪论中他这样说：

> 百学之中最卖弄理学幽奥之说的莫属美学。上至希腊的柏拉图下至如今的博士院，虽然论理缜密，但内容却难免高远幽晦、缪巧错综，无非是屋下建屋。（中略）此等言说皆为臆构妄架之说，与艺术之实施有害而无益。（中江笃史译《维氏美学》绪论）

在绪论中维隆说的是要批判“有害无益”之论，从而摸索美学真正的出路。维隆美学最显著的特点就在于这种彻底的反观念主义倾向。从艺术本身的角度来讲，就是反对学院派的理想主义。维隆的理论根据从绘画界来说便是林布兰、哈尔斯、卢梭、米勒的巴比松画派，以及库尔贝的反古典主义、反学院派的自然主义美学立场。他的这种美学并非学术性质的美学，而是客观地反映了同时代艺术现状的新闻报道。维隆并非是为一味还原实物的写实主义助威呐喊。他认为无论是表现实物还是美的理想，都应该是有所变化的表现，艺术家应该自由地表现自身充满了变化的情感与思想。在这一点上，他与西周美学的心理实证主义倾向是类似的。

在明治二十二、二十三年（1889、1890）的日本哲学界，德国美学开始取代了英法美学迅速发展起来。在那个时期《维氏美学》受到了怎样的评价呢？高山樗牛在明治二十九年（1896）发表的《关于我邦现今之审美学》一文中这样说道：

> 纵观我国审美学之现象，可发现其尚处于幼稚阶段。逻辑、心理等诸学科有著书译书，唯审美学一科无任何著作。十数年前有中江兆民翻译之《维氏美学》两卷，今日看来，选择此书纯属失误，译文也甚粗糙，只能证明当时人们对此学问历史及意义理解之不足。

森鸥外也在《月草之叙》中写道：

> 文部省挑选了与其说是非形而上学派，毋宁说是非学问派之维隆美学委托中江笃史翻译是在明治十六年（1883）。这部译著对我国文学美术几乎没有产生任何影响。

但青木茂指出内田鲁庵在读了《维氏美学》后，围绕着这本书的内容与大町桂月、上田敏产生了一场争论。还指出在市岛谦吉的回忆录里也出现了美学这个词。虽然森鸥外等人持有否定的态度，但不能否认这本书在当时还是存在着一定影响的（注7）。特别值得一提的是在小山正太郎的私塾“不同舍”里，学生们还曾争先传阅过这本书。也许就像菲诺洛萨的《美术真说》提倡的妙想说曾经鼓舞了学习传统绘画的人们那样，《维氏美学》提出新的艺术方针、不拘泥旧有规范的情感自由表现，也一定曾让学习西洋绘画的年轻学生们为之一振。

3. 关于“日本绘画之未来”的争论

在前文中我们曾经提过，井上哲次郎在回顾明治时期的哲学思潮时，认为明治二十三年（1890）是日本哲学界由英法哲学的实证主义本位转向德国观念论的转折点。对于这一时期思想史上发生的划时代历史事件，井上只提到了宪法的颁布、教育敕语的发布，以及聘请德国专家来日讲授哲学等事。但他似乎忘了正是在那一年爆发了一场足以撼动整个明治美术界的争论，这就是外山正一与森鸥外的争论。

我们在前文中曾经提到过，菲诺洛萨的一场讲演扭转了明治初期美术界极端的欧化主义倾向，使美术界开始向国粹主义的方向发展。那些被新建的东京美术学校排除在外的西洋画风的画家们，在明治二十二年（1889）结成日本最早的西洋画美术团体“明治美术会”，力求复兴西洋画。转年，明治美术会的赞助会员、东京帝国大学的文科教授外山正一，以讲师的身份召开了明治美术会第二届大会。外山以同年开办的第三届劝业博览会与明治美术会第二届画展为具体实例，以“日本绘画之未来”为题进行了长达三个小时的讲演。这个讲演的目的是为了振兴西洋画低迷的现状，在这一点上与菲诺洛萨在龙池会上的《美术真说》颇为相似。

这一讲演引发了美术界正反两方面的反响。反对派代表人物就是森鸥外，他发表了《驳外山正一的画论》。外山正一是英美留学生，主修哲学与自然科学，回国后在东京帝国大学讲授密尔、史宾诺沙、许维格勒的英文版哲学史、伦理学等课程。外山的说理论述具有英美哲学者的风格，具体而又平实，所以并不难理解。难理解的是用哈特曼美学的新知识来反驳外山的森鸥外的理论。

外山说现今的日本画坛无论是国粹传统绘画还是西洋绘画都处在云里雾里的状态。这样的状态下只认可那些徒具外壳缺乏思想、如失去灵魂的空壳一般的僵死的绘画。特别是西洋画为了迎合国粹主义的风潮，从西欧传统的历史画题材中脱胎换骨，绞尽脑汁要与日本传统的品位相一致。外山把批判的矛头指向了原田直次郎的《骑龙观音》，嘲弄说简直就像是一个在火把的光芒下走钢丝的马戏团女演员。他是这样说的：

> 谁都无法相信那是龙和观音。站在这幅名为骑龙观音之画作前，难以相信是观音乘龙，只令人怀疑是在火把光芒下走钢丝的意大利查理内马戏团（注8）的杂技女郎。

这位《骑龙观音》的作者原田是森鸥外留学法国时的好友，森鸥外的小说《泡沫记》中的人物巨势的原型就是他。在二人的这种关系下森鸥外当然要为朋友仗义执言。

外山指出当时日本美术存在的最大问题是画题的贫乏。无论是日本画还是西洋画，都是在重复使用旧有的画题。在这种状况下创作出来的作品都是些追求外形美的装饰画，谈不上是打动人心的“真正的美术”。外山的画论简单地说就是日本的画家必须要超越单纯的“接纳阶段”（receptive stage）从而达到真正的“思想阶段”（conceptive stage）。但他的这种观点并不是像菲诺洛萨提倡的

原田直次郎与森鸥外

原田直次郎《骑龙观音》

“妙想”那样的观念论，外山提倡的是画题的写实主义。这一点正是外山遭到森鸥外反驳的要害。森鸥外认为外山所说的“思想”用哈特曼的美学用语来说就是与“类想”相对立的“个想”，也就是说外山在艺术表现上，重视的不是普遍性而是个别性。森鸥外的这种说理方法在后来与逍遥展开的“无理想”争论中变得更加清晰明确。

外山提倡的“人事的画题”（Genre subject），在森鸥外看来并不是什么新颖的说法，不过是属于风俗画类型的卑俗画题罢了。但外山认为明治这个时代是人们摆脱宗教、天然、自然，开始关注人自身、人的幸福这些与人类社会有关的因素的时代，因此可以说是“人事的时代”。从这一点我们可以看出外山思想的根基是史宾诺沙的进化论思想。在持有这种观点的外山看来，原田的《骑龙观音》的画题，自然是神佛、地狱、极乐之流，完全是不符合时代趣味的、“不适当”的画作。简单地说就是说画题不具有写实性。外山以自己深思熟虑过的思想画画题为例，依据自身的经历介绍了六个场面。但这六个充满外山个人情感的场面却无一不是通俗愚蠢的，我们今天看来依然会为之汗颜。（注9）在森鸥外看来外山的感动只不过是“实感”而并非“审美性质的假感”。打个比方说，观戏时的欲哭之心与丧亲时的欲哭之心是不同的。森鸥外强调的是为了真正理解艺术应该去除时代的“好尚”从而成就“高尚”，使之变为可能的就是哈特曼的“小天地主义”的理论。即直观反映在具体艺术作品中的普遍世界，也就是谢林的“利用阶梯眺望大地”的美的“泛神论”的世界观。

森鸥外在杂志《栅草纸》上发表了一篇洋洋三万字的文章《驳外山正一的画论》。文中森鸥外把外山的演说分成十一项，对每一项存在的问题进行了缜密的批判。森鸥外之所以发表这样的长篇大作当然是期待外山的反驳。这一场森鸥外对外山的争论顿时在美术界掀起了轩然大波，各种报纸杂志争相发表正反两方的评论。但评论的多数是对外山不利的，比如说连载了外山讲演笔记的《东京新报》评论道："与森医学博士相比，外山文学博士的哲学用语精确度欠佳。"并进一步说道，外山无论在逻辑上、心理上或是审美学上都暴露出了明显的破绽。尽管外界批评不断，外山却始终没有对森鸥外的反驳作出反应。耐不住性子的森鸥外化名"缘外樵夫"在《东京新报》上又发表了《美术论战尚未决出胜负乎》的文章意在激将。除森鸥外之外，还有大森惟中、青山铁枪、加部严夫等猛烈抨击外山的观点。最后，森鸥外把这些反驳外山的观点总结在《再评价外山正一之画论旁及反驳之说》一文中，此文也发表在杂志《栅草纸》上。在这篇文章中，他一改正面攻击的作风，援用哈特曼的图示来解释外山混沌的观点，善意地寻找二者的一致。但直到最后外山始终保持缄默，对森鸥外没作出任何回应。

可想而知这场论战以森鸥外的全胜告终，从此以后森鸥外成了审美学的第一人。森鸥外当时是这样说的：

> 我以哈特曼美学作为批判的根据，这已经影响到了审美学这一学科在我国的价值以及哈特曼这位学者在我国的学术地位。这一点就算反对者也不能否认。（中略）从以大学为首的各级院校，或前所未闻地开始重视审美学课程，或初次开设审美学课程，直至今日审美学学者辈出，促成这一发展的可以说是明治二十二年至二十七年（1889—1894）我与二三名同志共同在《栅草纸》上发表幼稚论文的行动。

森鸥外的自信并非是毫无根据的。森鸥外以此次论争为契机，第一次通过美学把德国观念论哲学与英美哲学相比较并说明了其思想框架。这次美术争论促成了旧有英美实证主义哲学被崭新的德国观念论哲学所取代。井上提出的明治时期哲学思想的转换也正是随着这场论战的展开而悄然发生的。（注10）

4. 森鸥外与哈特曼美学

在结束了与外山的“日本绘画之未来”的论战后，转年也就是明治二十四年（1891），森鸥外开始把审美学批判的矛头指向了坪内逍遥，开始了为时一年的“有无理想争论”。森鸥外说：“如果美文学史家不通审美学，则有失美文学史家之名。”森鸥外的这种带有警示当代知识分子意味的话，一举提高了“哈特曼”与“美学”的威名。明治二十五年（1892）九月，森鸥外开始在庆应义塾讲授审美学。这一时期，在逍遥担任文学科主任的东京专门学校，也聘来东京帝国大学第一批主修美学的毕业生小屋（大塚）保治与大西祝（小屋的前辈，主修伦理学）讲授美学。他们讲授的都是哈特曼美学。其实在这个时期，对于森鸥外的批判沉默到最终的东京帝国大学哲学系教授外山正一也在设法聘请哈特曼来日本讲学。虽然这个计划最终没能成功，但哈特曼推荐了凯贝尔（Raphael Koeber）于明治二十六年（1893）来到日本。凯贝尔在来日前的学术成就主要是他的学位论文《关于谢林的“人之自由论”》（1880）、《叔本华的解脱论》（1882）、《哈特曼的哲学体系》（1884）。此后的二十一年间，凯贝尔一直在东京帝国大学教授哲学、美学、古典学，他多年的讲座影响了许多日本年轻学子的精神境界。后来这些学子当中也有人成为美学教授，比如说在京都帝国大学与东北帝国大学最早开设了美学讲座的深田康算与阿部次郎。

E. V. 哈特曼

由此可见，审美学者森鸥外介绍的哈特曼美学思想，在明治二十年代（1887—1897）的日本思想界被视为绝对的权威。也许有人不禁要问哈特曼的美学究竟是怎样的呢？在回顾自己是如何关注哈特曼美学时，森鸥外这样说道：“当时哈特曼美学被认为是与铁路一起带来了19世纪的重大成果，人们对这一最大之理论系统的赞扬声与批判声沸沸扬扬。”哈特曼生于1842年，在1869年发表了《无意识哲学》，正是这部著作使哈特曼受到了学界的瞩目。森鸥外与大村西崖在1887年以《审美纲领》的标题共同编译了《美的哲学》(philosophie des Schoenen)。后来由于哈特曼患上了膝关节神经痛无法再站在讲坛上，不得不卧床疗养，病体让他放弃了教育而一心专注于研究直至1906年去世为止。虽然在今天大多数人认为哈特曼只是一个折中的流俗哲学家，但作为一个非学院讲坛派的哲学者，哈特曼受到的评价能够传入森鸥外的耳朵里，这就足以见得当时哈特曼哲学对德国思想界的影响之大。

对哈特曼的思想产生了影响的思想家有谢林、黑格尔、叔本华三人。但哈特曼关注的谢林思想并不是与黑格尔、叔本华同时期的思想，而是谢林后期的积极哲学思想，它与黑格尔理性主义思想是相对峙的。哈特曼力图统一存在于这二者之间的、世界的Wass与Dass相对立的原理，从而弄清这个世界的真相究竟是什么，这一真相又是怎样构成的。哈特曼认为这个真相的基础部分便是叔本华的“盲目的意志力”，因此学界认为哈特曼是一个进化论的乐观主义者的同时又是一个厌世主义者。

那么森鸥外真是在充分理解了德国观念论哲学的历史发展后，才把哈特曼哲学引入到日本，并在日本哲学的草创期传播开来的吗？其实这一点是很值得质疑的。也许我们不应该从思想体系与思想史的角度来理解森鸥外介绍的哈特曼美学，而是应该把它看成是森鸥外与哈特曼的一个“偶然的相遇”。森鸥外曾经得到了留学德国的机会，是这个机会让他掌握了西欧艺术的传统，而他又把这个传统与对日本近代艺术的摸索结合起来了。所以森鸥外没有选择已经成为过去时的谢林美学、黑格尔美学，而选择了作为当时“审美标准”的、进行时的哈特曼美学。这也是理所当然的。所以可以说，德国观念论哲学移植到日本的过程，并不具有学院性质，而是具有顺应时代潮流的、宣传报道性质。

哈特曼美学之所以吸引了森鸥外，主要是他的“对美之假象的思考”。在《审美纲领》（明治三十二年（1899），出版以前，森鸥外已经在《栅草纸》上连载了较为忠于哈特曼的“审美论”

原文的译稿（明治二十五年（1892）十月第三十七号至二十六年（1893）六月第四十五号）。文章中说道：

> 近代人不仅不相信审美学甚至不屑一听。这是因为它原本是抽象的理想主义、形而上的美学。幸而黑格尔以来，出现了具体的理想主义与它对峙，认为不应在感官以外寻求美之所在。感官以外的东西是不存在于官能界的，也就不是美的领地。美唯一的所在是触及到感官的假象，而这一假象同时又是极为具体的。

审美纲领封面

近代人之所以不信审美学甚至不愿听审美学是因为它原本是抽象的理想，形而上的美学。但令人庆幸的是黑格尔以后，产生了与旧有美学相对峙的、以具象理想为基础的美学。这种美学认为不应在形而上的世界寻求美。形而上的东西是远离感性世界的领域，是美之领域的彼岸。美应该是与感性有关的假象，应该是有形的。

哈特曼的“对美之假象的思考”是与维隆批判的“屋下建屋”的空论美学相对立的，它是近代美学的原点。哈特曼美学的第一部《康德以来的德国美学》就是从历史的角度论述近代美学的诞生。曾令哈特曼与森鸥外都爱不释手的马克思谢勒的《批判美学史》，这部巨著也把美学看成感性学，大胆省略了在超越客观现象的彼岸追求美的中世纪美学。与康德、谢林、黑格尔的美学相比，很难说哈特曼的美学究竟有多少价值，但毫无疑问的是，我们今天学术性研究美学的道路，最早是由森鸥外与哈特曼开辟的。这也许只是一个结果，而并非森鸥外的初衷，对于森鸥外来说他的目的无疑是要把哈特曼的美学作为“审美的标准”来理解运用。

森鸥外指出哈特曼美学的最大特点是与“抽象理想派”相对立的“具象理想派”的审美学，而且哈特曼还分析出抽象到具象

《审美纲领》

的过程，具体分为“类想、个想、小天地想”这三个美的阶段。谢林曾经把这个过程分为“普遍、特殊、无差别”，但哈特曼却不重视“类想”，只重视“个想”，也就是对有特性的、个别的东西更感兴趣。哈特曼认为类想是包含内容很少的像模子一样的观念，就算是有美的存在也是在与“个想”邻接的部分产生，说它“正是趣味认识的经验事实”恐怕也没有人会反对。从最高到最低，从上位至下位的个体事物形成“大天地想”。因此真正的个想是“利用梯子眺望大天地，从而个想也非绝对的具象，成为小天地的完想。”森鸥外说：“哈特曼把个体事物比作一个天地，为了与大千世界呼应，而称之为小天地思想。”

5. “有无理想之论争”以后

后来，森鸥外通过与逍遥的争论，开始把哈特曼的具象理想派审美学理论逐渐运用到实际中去。说起逍遥不能不提到他写的《小说真髓》，他在书中论述的写实文学被视为这一时期明治文坛的理论标准。逍遥反对一切虚构与空想，认为所有离开现实一味陷入想象的都不是小说。森鸥外曾经拿德国理论家戈特舍德（Johann Christoph Gottsched）的理想与写实各自独立的诗学理论对逍遥的这种观点进行反驳。森鸥外说：

> 不久前曾醉心于哈特曼哲学，读至审美学一卷，深有所感。恰巧此时偶然读到外山正一之画论，与我所感发生冲突，觉得技痒之余草写一反驳之文。但那时只用哈特曼之审美标准来评画，却未曾评小说，直至今日。如今若以此批判眼光观逍遥，则又可用哈特曼这副眼镜。
>
> （森鸥外《栅草纸之山房论文》）

一场“有无理想之争论”就这样展开了。关于这场争论，森鸥外说是针对文学界出现的一边倒现象，准确地说就是逍遥的写实主义文学论吞没理想论的现状，为了捍卫理想主义文学而用哈特曼的“有理想美学”与之抗衡。但实际上，这场“争论”并不是名副其实的争论，因为争论的一方逍遥在毫无防备的情况下就被森鸥外拖入到了逻辑的网中。

从明治二十三年（1890）十二月开始，逍遥九次执笔于《读卖新闻》的文艺时评，在文章中他把西方诗歌分为叙事诗、抒情诗、戏诗这三种。小说也被分为类似诗的三种，他提出可以把以描写事物为主的叫作“物事派”或者说是“固有派”，以描写人为主的称为“折中派”，基于人事关系的叫作“人间派”。

对于逍遥的这种区分，森鸥外在杂志《栅草纸》的山房论文栏目中，发表了《逍遥子的诸评语》一文，认为逍遥对小说的三区分，可以理解为哈特曼的类想、个想、小天地的审美三阶段。森鸥外认为有了超越类想与个想的小天地想也就是具象理想，便可以克服理想与现实对立的这个老问题，从而逍遥的实际派也可以囊括在自己倡导的哈特曼审美体系之中。文中森鸥外时而谦虚地自称为“乌有先生”，这个称呼实际上表现出他已经开始详细地推敲哈特曼美学并把它与实践相结合进一步地发展起来了。最后，逍遥说还是把法国人和德国人所擅长的说理委托给世间博识卓见的学者，自己“也要向安格鲁撒克逊之着实见解学习”。在《答乌有先生》一文中，他说道：“先生明显是确信此体系哲理之人，而我则不然。”此后这场持续了一年的“论争”终于落下了帷幕。

通过森鸥外先后与外山、逍遥的两次论争，哈特曼美学、德国哲学终于为世人所知。我们今天看来，那时对哈特曼的评价确实有些夸大了。当时被东京帝国大学采用为教科书的史惟格勒的《哲学概要》，在明治二十年（1887）增版改订的第十四版上，增加了“叔本华”与“哈特曼”这两章。这两章的执笔者便是与哈特曼交情匪浅的凯贝尔。凯贝尔于明治二十六年（1893）赴日，在明治二十四年（1891）与明治二十五年（1892），庆应大学与早稻田大学都相继开设了美学课程。那个时代可以说是哈特曼的时代。在此之前，虽有数册介绍康德、黑格尔美学的著作，比如说三枝博音的《哲学观念论在日本的发展史》，却唯独没有谢林的研究著作。三枝认为最早的谢林研究是冈本春彦著的《谢林的象征思想》(1918)。但我们可以说，在明治二十年代的哈特曼美学中，已经可以看到谢林美学的影子了。

明治三十二年（1899）六月，为了推广哈特曼美学，森鸥外与大村西崖一起把哈特曼的《美的哲学》体系概要编译成《审美纲领》出版。高山樗牛在同年八月的杂志《太阳》上发表了《审美纲领》的书评。书评的内容被严格地分为：1. 全文、2. 译语、3. 看简单主义的得失与功绩、4. 总评。这一书评代表着大塚、大西之后东京帝国大学哲学系培养出来的、年轻一代德国哲学研究者们的研究成果。顺便提及，樗牛在明治二十九年（1896）也曾围绕着《太阳》上发表的《写生与自然、意想与畸形》一文与森鸥外有过争论。那次争论是为了探讨费希特与谢林在美术的自然模仿说上的异同点。

此时以“乌有先生”的笔名在美学理论界所向披靡的森鸥外的时代虽然已经逐渐步入了尾声，但他还是不甘落后地与年轻一代竞相收集美学的新信息。在《审美纲领》出版的前一年，森鸥外编译了沃尔科特（Volkert）的《美的时间论》，译文名为《审美新说》刊登在《栅草纸》上。但沃尔科特这篇文章的字里行间已经告诉森鸥外，如今的美学趋势已从哈特曼转向了李普斯（Theoder Lipps）代表的心理主义。此后，在明治三十四年（1901）《栅草纸》上连载的《审美极致论》实际上是森鸥外编译的新康德学派的先驱奥图里伯曼（Otto Leibmann）的《现实性分析——哲学基本问题的推敲》。森鸥外生前最后发表的美学译文是《审美假象论》，这篇译文是对葛罗斯（Gross）的《美学入门》的编译。

明治三十二年（1899）东京帝国大学在世界上最早开设了美学讲座，转年，留学欧洲四年后归国的大塚保治成为东京大学的第一代美学教授。此后，学院派美学在我国逐渐落地生根，从心理主义开始逐渐发展到新康德学派，人们也逐渐忘记了哈特曼美学。在这一章中我们了解到，在医学以及其他众多领域都有所建树的森鸥外，对美学投入的热情与精力也是令人非常钦佩的，但他在美学方面的贡献也很快成为了过去时。森鸥外曾说过是哈特曼与铁路带来了 19 世纪，但此时时代的步伐已经迈向了 20 世纪。

第 二 部

艺术论的展开

第一章　青木繁与浪漫主义绘画

——追求艺术的创造性

数年前，在东京国立近代美术馆举行了题为“青木繁与近代日本浪漫主义”的画展。这次画展选用了青木繁的代表作《海之幸》作为宣传刊物的封面。一般认为以这幅作品为代表的青木繁同时期的作品达到了他艺术创作的巅峰。这些作品表现出来的高超艺术水准，现在还依然吸引着我们。当人们在近代日本美术史上，定位青木繁的艺术时，一定会用到“浪漫主义”这个概念。但是仔细想想，在日本近代，真的存在过浪漫主义绘画吗？或者说，曾有过浪漫主义绘画存在的可能性吗？以往人们在讨论这个问题时，往往在引出曾让青木繁倾倒的英国拉斐尔前派以后就不再深究了。实际上在探讨“绘画的浪漫主义”这一问题前，我们有必要认识到，“明治浪漫主义”的实际情况曾经是非常模糊暧昧的。在那样一个混沌的状态下，青木繁究竟摸索到了什么？他的理想最终是否得以实现？“浪漫主义”或是“浪漫性”这些从未经过考证的陈词滥调总是阻碍着我们寻求正确的答案。不知为什么，这些词仿佛有着让人着魔的魔力一般。

1. ROMAN 主义与浪漫主义

把青木繁的艺术看作浪漫主义，完全是根据它与“浪漫主义文学”的关系。近代日本文学史的“浪漫主义文学”主要是指明治二十年到三十年（1887—1897）的文学、评论以及杂志《明星》上发表的诗歌。那时《藤村诗集》（明治三十七年，1904）的慷慨激昂的序言如同这场运动的宣言一般被不断地引用：

终于，新诗歌的时代到来了。

宛若美丽的曙光。

有人像古老的预言者般大喊，有人像西方的诗人般大叫，他们无一不沉浸在光明、新生、空想中。

年轻的想像从长眠中觉醒，装饰上民俗的语言。

传说得以再生。

自然重换颜色。

光明照亮前方的生与死、过去的壮大与颓衰。

……

但后来藤村的同伴之一平田秃木却回忆说：“我们当时根本没有任何要标榜或是推动‘浪漫主义’的意识。”他进一步强调：

我们并没有意识到什么“浪漫主义”或是什么“运动”，不过是趣味相投的人们偶然聚到一起，互相交换一下彼此写的东西。外界叫我们是什么“高踏派”，其实我们尽是些害羞的人，根本没有那样的勇气。

在《明星》上，“浪漫主义文学”有时也被称为“星堇派”，可见人们从开始就已经把浪漫主义误认为是感伤主义了。纵观日本近代文学史，我们可以发现有意识地把浪漫主义作为一种理念或者说是一种主义提出来的只有昭和十年（1935）出现的“日本浪漫派”。因此，浪漫主义文学与其说是一场实质性的运动，不如理解为在历史发展的过程中以反省的态度捕捉到的一个概念。

从西欧文学史的角度来看，“浪漫主义”首先应该是一个与“古典主义”相对立的概念。在本书的第一部中我们屡次提到了《维氏美学》这部译著，并说明了它是中江兆民在明治十五年到十六年间（1882—1883）翻译的法国人杰努·维隆的美学著作。在维隆的著作中出现了与古典主义者即“古文家”、“博士家”相对峙的“浪漫家”这个概念。但是我们真的能够在日本近代文学史中找到与浪漫主义文学相对立的古典主义文学吗?

在以西欧为榜样的日本近代化的过程中有各种各样的“某某主义”流入了日本文学界。大部分都是取其意而翻译成“写实主义”、“自然主义”、“象征主义”,但其中只有“浪漫主义”至今仍旧还是音译。音译的原因之一是因为我国的文学从万叶时代至今无论经历过多少起伏,整体上始终都是保持着浪漫风格。但保田与重郎领导的“日本浪漫派”却硬是把这一日本特有的抒情风格与德国浪漫主义理论“绑”在一起,弄出了一个所谓的民族主义思想。

实际上应该把“浪漫主义文学”、“浪漫主义绘画”的成立想得简单一些。毫无疑问代表浪漫主义的文学杂志《文学界》与《明星》都是以英国“拉斐尔前派”运动的刊物《佳阿姆(萌芽)》为自身的榜样。负责这两个刊物的装帧与插图的是藤木武二和青木繁。英国的浪漫主义即P. R. B小组成立于1848年,这个小组的诞生在文学领域被认为是浪漫主义的第二次浪潮,在绘画领域被认为是迟来的浪漫主义。在明治二十年代到三十年代(1887—1897)对于当时的日本人来说,能够真实地感受到的刚刚发生过不久的“浪漫主义”,便是这个“拉斐尔前派”的浪漫主义。

但我们知道这个迟来的英国浪漫主义追随的是德国浪漫主义,德国浪漫主义才是浪漫主义的原点,特别是“纳扎雷派”、“圣卢卡组合”的绘画运动。英国浪漫主义运动继承了德国浪漫主义运动的特点,反对形式化的学院绘画,力求在中世纪寻求艺术的理想。这里说的“中世纪”指的并不是盛行“哥特式”、“罗马式”的时代,以及这些时代的呆板艺术。这里所说的“中世纪”是文艺复兴全盛期以前的艺术。但在这个时期“文艺复兴”这个历史概念还没有一般化。这个划时代的概念是在布鲁克哈尔德的《意大利·文艺复兴之文化》(1860)出版以后才为人所知的。在美学领域则是黑格尔思想的继承人Fr·Th·费夏在其著作中第一次使用了“文艺复兴”这个词。

纳扎雷派与拉斐尔前派的共同之处在于,他们都认为一贯信奉学院技法的拉斐尔以后的绘画缺乏精神内容，一味追求外观上的美，因此断言它们是堕落了的艺术。他们高喊只有在超越外观美才能产生真实的绘画，倡议重新找回拉斐尔以前的初期基督教绘画的理想。为了让绘画表现真实，纳扎雷派放弃了学院技法，力图回到中世纪的朴素表现。拉斐尔前派与纳扎雷派的尚古主义不同，它重视观察自然本来的面目，追求没有任何虚饰的真实。美术评论家琼·拉斯金把他们的理念进一步理论化，出版了著名的《拉斐尔前派主义》(1851)。

对于这样的理想主义来说，重要的不是一味追求视觉上的美，而是创造能向观者表达内在真实的绘画。在这个基础上，拉斐尔前派画家提出了赫拉克里特的"诗中有画(pictura poesis)"的艺术理想，认为诗与画是互相交感的姊妹艺术。他们的宣传杂志《佳阿姆》就是为了实现这个理想的实验性企划。从拉斐尔前派成立的过程来看，这一浪漫主义是从美术界首先开始的，而后它的理念才逐渐扩展到"文学"界。但我国对 P. R. B. 浪漫主义的接受却是从以《阿佳姆》为榜样的杂志《文学界》创刊开始的，所以基本上是以文学为主，以美术、绘画为副的。虽然可以从很多方面论述明治时期的"浪漫主义文学"，但是对于明治时期的浪漫主义"绘画"，只通过藤岛武二和青木繁的某一时期的作品就可以一目了然。不过至今还没有人思考过为什么会出现这种现象。

2. 写实派(realism)与理想派(idealism)

虽然那个时候人们嘴上总是挂着"浪漫主义"，可究竟对这个词真正了解多少就很难说了。现在看来当时的人们确实是竭尽了全力来理解这个词的。被称为"浪漫主义"的时代状况不过是为了实现自身的诗的理想，而拿来"拉斐尔前派"做榜样，同时收集可以帮助理解"罗曼蒂克"这个词的所有材料，诸如文学、评论、哲学、美学等各领域的信息。除此之外还追溯德、法、英诸国各具特色的浪漫主义，以及其历史起源的民族叙事诗、神话传说。由此可见，"罗曼蒂克"这个词是在这种各类信息纵横交错的状况下被介绍过来的。

最初只不过是由于对 P. R. B. 的单纯关注而引发的“浪漫主义”，开始逐渐围绕着“罗曼蒂克”出现了百家争鸣的现象，在这个时候“浪漫主义”终于有了一个发展的方向。这就是在《藤村诗集》的序中被讴歌的作为艺术创作原理的“自我”的觉醒。其实直接促成18世纪末欧洲澎湃而起的浪漫主义运动的正是“艺术的近代”的觉醒。这个觉醒是艺术家意识到自己内部的创造性。浪漫主义者们最初只是分析作为西欧近代一个文学运动的“罗曼蒂克”，但渐渐他们发现这个分析的结果竟让他们意外地撞见了构成西欧近代艺术根基的理念。这个时期出现的北村透谷的“内部生命论”就是对这一重大发现作出的具有里程碑意义的论述。

近代日本的美术与文学都是以西欧近代的写实主义为标准发展起来的。日本的西洋画研究也是从画出“可以乱真”的渴望开始。比如说当时被誉为具有“逼真之技”的高桥由一就是通过刻苦钻研西洋画而拓展了自身的艺术，现藏于东京艺术大学的高桥的作品《鲑鱼》已经被认定为国宝。在明治九年（1876）工部美术学校建校后，西欧的写实主义通过这一官方教育机构正式得到传播。这所学校招来了出生于意大利托里诺（Torino）的画家冯塔内吉(Antonio Fontanesi)。这是一位受到法国巴鲁比宗（Barbizon）画派的写实主义影响的画家。此后工部学校由于诸般原因停办，在明治二十二年（1889）东京美术学校得以创办。这所美术学校的教育方针与工部美术学校的欧化主义截然相反，致力于继承发扬传统。直到后来黑田清辉从欧洲回国，美术学校的西洋画学科才开始复苏。黑田带来了最新的印象派，准确地说是沙龙化了的外光派风格。但他带来的只是写实画风上的变化，并不是“艺术”意识上的变革。

提起日本近代文学最早的历史性宣言，可以说是坪内逍遥的《小说神髓》。以文学的近代化为己任的逍遥，把自己批判的矛头指向了明治初期盛行的戏剧小说的稗官野史。逍遥在其著作的序言中这样写道：

> 即使被以为是狂妄不知深浅之所为，我也要把自身观点公布，解诸看官之惑、兼启诸作者之蒙，推动我国小说之改良进步，使其凌驾于欧土小说之上，与美术同时，绘画、音乐、诗歌也终将发掘自身之故事。

逍遥还强调，小说在西欧近代植根以前，浪漫的一种假艺术语曾经流行过。他把这与我国的戏作小说相结合进行分析，说这个浪漫的趣旨实际上是来自于荒唐无稽的事物的奇异之谈。在小说超越了这个阶段后，"真实地描写"即是"写实"才变得重要。逍遥主张"小说之主脑乃人情，世态风俗次之"，可见他完全无视观念与习俗这类东西。随后登场的就是浪漫主义文学，在与拉斐尔前派的共鸣下，逍遥把曾经与荒唐无稽的戏作一起被抛弃了的"罗曼蒂克"重新拾了回来，文学近代化的第二个舞台的序幕被拉开。看过逍遥的言论后，再让我们回过头来看看北村透谷的"内部生命论"。北村这样认为：

> 所谓写实派就应该是客观地观察内部的生命、客观地观察内部生命的百般显像。除此目的以外，任何值得嘉赏的写实派的目的都是不存在的……文艺上的理想派是观察人内部的生命，把其极致表现为实际存在的具体形状，然其极致必须是理想的。任何物体表现出其具体形状的即是它的极致。

透谷这里所说的"内部生命"就是人类精神的觉醒。无论是写实派（realism）还是理想派（idealism），他们所追求的都是一个目标。写实派是通过客观地观察内部生命的多样现象来追求，理想派是从主观地觉醒内部生命出发，然后赋予它具体的形象。使这个创造成为可能的契机就是灵感（inspiration）即透谷所说的"瞬间的冥契"。透谷的"内部生命论"使得"近代文学"终于意识到了它的艺术性是什么。但是这个时期在绘画领域还没有出现足以与文学匹敌的自觉性理论。在感叹青木繁英年早逝的不幸的同时，我们还必须理解其作为浪漫主义"鬼才"的历史定位。

3. “画匠的画”与“人的画”

美术史学家儿岛喜久郎是这样评价青木繁的：

> 青木繁是明治时代的鬼才。在明治四十四年（1911）的春天，年仅三十岁的他在极度的贫困中病逝了。他天禀了那个时代的无与伦比的才华……生前他经常去上野的图书馆学习人文方面的知识。他是明治时代唯一一个深刻的画家。在他的眼中其他画家的画一定是幼稚的。在明治时代画家即使没有人文教养也是无可厚非的。
>
> （《明治美术作品展——明治美术小史》昭和十八年（1943））

青木繁在结识诗人蒲原有明后才对拉斐尔前派运动产生了兴趣。青木繁给蒲原的信笺中有这样的句子：

> 小弟曾对兄长倾诉心事：“想画高超的画，但更想画平凡的、谁都看得明白的不高超的画，后者才是我的目的。”对此兄长表示不同意，小弟很是不满足。
>
> ……小弟曾经提起的“高超的画与平凡的画”，也就是“画匠的画与人的画”，实际上小弟是以极认真的态度禀告兄长的……
>
> （明治三十八年（1905）一月）

在这里青木繁所说的是只有技巧没有内涵的画算不上艺术。在本书的第一部我们提到最早提出这个说法的是菲诺洛萨的《美术真说》。菲诺洛萨认为美术与非美术的区别在于是否有“妙想”。他批评当时流行的写实主义是混淆了美术与科学的“理学一派”。所谓“妙想”就是我们今日所说的美术理念，当时在理论上并没有人更深刻地论述了这个说法。在绘画领域，出现过涉及绘画内涵的争论，即围绕着外山正一的“日本绘画之未来”而展开的森鸥外与外山的论战。虽然在第一部中我们已详细说明了，但有必要在此再作一个简单的回顾。

最初是西洋画团体“明治美术会”为了打破当时西洋画停滞不前的局面，请来东京帝国大学教授外山讲演意在提出对策。在讲演中，外山指出问题的所在是“话题之贫乏”。要想以画来打动人，画家必须放弃曾经的自然、宗教的题材，发掘符合时代的、与我们自身幸福息息相关的人类社会的题材，即“人事之话题”。但森鸥外却用哈特曼的美学理论痛切地批判了外山的观点。按照森鸥外的观点，外山说的感动是与艺术完全无关的“实感”，艺术应该追求的是“审美的假感”。后来森鸥外在《栅草纸》中连载了从哈特曼出发的“审美论”。他是这样论述的：

> 应在超越感官的地方追求美。超越感官的东西在远离感官界的彼岸，那才是美的领地。美唯一的所在是触及到感官的假象、具体的假象。
>
> （审美论）

青木繁在《自传草稿》中也提到，正是由于接触到了哈特曼的美学，自己才走上了美术的道路。他这样说：

> 在理性上“人生是什么?”也就是“应如何解释人生”?在意志上“我应该如何尽人事”?也就是“作为一个男人应该怎样发挥自我”?这两个问题以两种形式激烈地缠绕在我幼稚的心头。我思考了哲学、宗教、文学，最后到达了艺术并实践了。艺术的创作在我的胸中轰鸣，哈特曼的话“物质的社会只制造物，唯有假象的社会才创造人，也只有人类才能欣赏”激荡了我幼稚内心的热血。这才是男子的事业，在这里我才能吐露自己千万情怀。于是我决心要凭丹青之技，成为比舜帝还要高洁伟大真实的、不伪饰情操的、天真烂漫的、如玉一般的男儿。

如果我们完全相信青木繁在《自传草稿》中的话，就可以推断出青木繁通过接触哈特曼美学而决意“以丹青成男儿”应该是在其中学时代。不能不说他是令人惊叹的“早熟”的天才。看他后来的读书历程，正像儿岛喜久郎指出的那样，他的教养之深、兴趣之广都非同一般。在青木繁眼中当时的绘画不过就是摹写实物的、浅薄的“画匠的画”，根本无法满足他的艺术欲求。在美术学校求学期间，学校请来了井上哲次郎、岛村抱月、上田敏、大塚保治等人讲演，但这些在青木繁看来，都是对自己的艺术创作没有帮助的空论罢了。与美术世界相比，文学世界的“创造性的自觉”已经先发生了。投身绘画却不能满足其现状的青木繁，最终倾倒于往返于绘画与文学世界的 P. R. B 的画家们也是顺理成章的。

4. 表现“日本风格的东西”

青木繁曾赞扬过创作出《希望》这幅画的画家沃兹。而且青木繁自身也被评价为日本的沃兹。青木繁奉为自身理想的画家首推沃兹，此外还有英国拉斐尔前派的领军人物邦琼斯（Edward Coley Burne Jones）、罗赛蒂（Dante Gabriel Rossetti）、法国象征派画家莫洛（Gustave Moreau）、夏凡纳（Pierre Puvis de Chavannes）、德国画家贝克林（Arnold Bocklin）、赛甘蒂尼（Giovanni Segantini）。奇怪的是这里并没有出现我们今日提起浪漫主义就会想到的欧仁·德拉克洛瓦（Eugene Delacroix）、奥多尔·席里柯（Jean Theodore Gericault）的名字。青木繁首次在画坛发表作品是在明治三十六年（1903）的第八届白马会上。他发表的《黄泉比良坂》获得了这一年设立的第一届白马奖。以此为契机，此后青木繁确立了以过去的神话传说为主题的创作取向。白马会的主办人是青木繁美术学校的老师黑田清辉。白马会是与明治美术会相对立的组织（明治美术会直属于继承巴鲁比宗画派风格的工部美术学校）。白马会以清辉从欧洲带来的印象派、外光派风格为特征，真实地反映了当时法国画坛的动向。但是我们现在看青木繁留下的画作时，会发现他有明显的、无视近代绘画发展的特点。对于以法国画坛为中心发展起来的国际运动,博学多才的青木繁应该是清楚的。很明显他是有用意的,而这个用意也正是他追求"浪漫主义"的原因。

这个"浪漫主义"与我们今日理解的欧仁·德拉克洛瓦(Eugene Delacroix)、奥多尔·席里柯(Jean Theodore Gericault)代表的法国浪漫主义,以及福利德利奇(Friedrich)、隆格(Runge)代表的德国浪漫主义都没有直接的关系。青木繁的浪漫主义绘画其实是与北村透谷的"内部生命论"相对应的。可以说是在绘画界出现的、最早的"理想派的自觉",而触发了这个自觉的正是以"诗中有画"为理想、往返于文学与绘画世界的英国拉斐尔前派运动。但是拉斐尔前派不单纯是理想主义,特别是其"回归传统"的姿态也应把其看作"浪漫主义"。至于青木繁,他的浪漫性的佐证就是他对天平时代的向往以及对神话题材的追求。不过这一倾向就只限于青木繁吗?

明治三十年代(1897至1907)的画坛,无论是日本画还是西洋画,都非常盛行表现"日本风格"的尝试。形成这个现象的直接契机就是坪内逍遥与高山樗牛之间的"历史画争论"。这个争论其实不过是外山正一曾经提过的关于"画题"的旧话重提。这个"日本风格"的尝试即使是现代主义领军人物的黑田清辉也不例外,他在这个时期创作了《叙说往事》。而与黑田清辉对立的中村不折也发表了《建国创业》这幅作品。当然不能说这类历史画的出现,与甲午战争至日俄战争时期的民族感情、国家意识的高扬没有任何关系。青木繁在杂志《日本及日本人》四百五十八号上发表了《美术断片——关于〈海神的鱼鳞宫〉》,在这篇文章里他说这幅作品"不是以日本固有的形式来表现日本固有的趣味",而是"以近来的日本艺术观念来表现日本的思想"。他还说明了为了达到这个目的,他所作的研究与尝试。这就是:

(一)立足于艺术的常识,在构图及造型上,探索最近通用的最新样式。(二)之所以选择海底神话的题材,是因为要验证现代科学的普遍知识对日本古代思想在艺术的成立上究竟会产生多大的破坏。目的在于表现出一点自然观念。

青木繁强调的是不应拘泥于传统的手法，要通过在近代化的过程中引进来的更普遍更科学的西欧艺术的技法，来尝试表现日本固有的思想。这正体现了明治维新以来一直学习西欧、加快近代化进程的日本终于开始注意到自己面临的普遍问题了。青木繁还说：

> 汲取近世文明末流之吾辈，于明治小水盘中难以培养广博的能力与见识。而艺术界之事，乃具有正确能力与见识之技术家所能为。精神修养之维新虽滞后物质制度之维新四十年，但现在终于来临了。

人们以西欧为榜样学来的“艺术”不过只是“技术”。今后绘画应该走的道路是如何使用这个“技术”来表现日本的固有思想。青木繁说“造型美术绘画的健全主观性质的成立”，必须要具备“（一）想（二）知（三）技”的三足鼎立。《海之兴》主要尝试了“想”，这次的《鱼鳞宫》则是在“知”上下了功夫，而“技”将是今后的课题。

为了追求理想，青木繁把象征派、拉斐尔前派的绘画作为自己学习的对象。但这些绘画的通病是过于追求文学的主题，忘记了“绘画就是绘画”的道理。开创了20世纪的前卫艺术的高更也曾经一度接近夏凡纳的象征主义，但为了保持自己绘画的纯粹性而逐渐远离了它。当时包括对高更的评价，近代绘画今后要向哪个方向发展还没有一个定论。拉斐尔前派的浪漫主义，从绘画开始波及文学，但这个浪漫主义毕竟是以文学为中心，在文学的前提下罗赛蒂的绘画才被介绍过来。

对拉斐尔前派的绘画产生共鸣的文学家中就有夏目漱石。他曾说最初是拉斐尔前派的绘画让他开始关注西欧绘画的。这并不能说明漱石当时已经预见到了西方绘画的未来。他对拉斐尔前派的共鸣也不过是基于“诗中有画”的理想主义艺术观。这只是文学家漱石的个人兴趣罢了。

5. 浪漫主义绘画的界限

那么此后日本的绘画运动是否在青木繁致力的方向发展下去了呢？事实上我们会发现，青木繁的观点，无论是在其文学趣味上，还是在其回归传统的方向上，都不过是一场误会，最终毫无所获。真正预见到未来的其实是博学多识的、有预见性的森鸥外。青木繁的宏大理想最后迎来的命运，恰恰与他作为范本的拉斐尔前派是一样的。对于这个拉斐尔前派，森鸥外的批判是严厉的。他是这样说的：

> 绘画的流派中有英吉利的拉斐尔前派，本来没有什么必要重视这个画派，但长时间来在艺术思想上支配着我国学者的是这个画派的领军人物拉斯金，所以这才有必要提起。它为什么被命名为拉斐尔前派呢？这是因为绘画的形式到拉斐尔出现后终于定形，此后的画家都要学习继承它。后来有些人提出要重新回到拉斐尔以前，创造他们自己的规范。这种做法就完全忽视了拉斐尔同时代以及拉斐尔以后的作家们，带有极端的破坏性。此后产生的法兰西外光派，他们再也不是拉斐尔前派的虎头蛇尾了。外光派逐渐壮大，最终把日本的西洋画也拉入到自己的阵营中。

如果存在所谓的青木繁的“浪漫主义绘画”，那也不过是起源于菲诺洛萨的“妙想”。它在历经了外山正一的“日本绘画之未来”的争论后，又面临着“历史画论争”，主题主义成了争论的焦点。青木繁孤绝的艺术是什么呢？就是从文学到绘画的日本浪漫主义与拉斐尔前派巧妙结合的产物。这就是为什么青木繁被称为鬼才的原因。

那么在此之后日本近代的绘画是如何发展起来的呢？从 19 世纪末到 20 世纪初，日本美术始终都在摸索国际现代绘画发展的方向。在这个过程中，美术界诞生了一篇具有里程碑意义的文章，这就是高村光太郎在明治四十三年（1910）发表在杂志《昴》上的题为《绿色的太阳》的文章。在此文中，他这样说道：

纵使有人画绿色的太阳，我也无意否定。因为我可能也会看到。不能因为有“绿色的太阳”而忽略绘画整体的价值。绘画的价值与太阳是绿色或是红莲色无关。

在这里光太郎的观点与青木繁曾经的观点是一致的。用青木繁的话来说，光太郎追求的也是“人的画”而不是“画匠的画”。也就是说光太郎意在承认“艺术家的个性（persoenlichkeit）具有无限的权威”。那么二者的不同在何处呢？青木繁是被文学的象征性框住了，而光太郎却要在“造型语言”上表现个性。对于青木繁追求的“日本风格”光太郎又是怎么看的呢？他说：

我创作时的心理状态是从一个人的角度出发。也没有什么“日本”之类的念头。只是根据自己的所想、所见、所感而无所顾忌地创作。完成后再看时也许作品是所谓“日本式的”。不过，无论它是或不是都与我这个作家本身毫无关系。

光太郎在最后说道：“无论怎样无所顾忌地创作，我们死后也只会留下日本人的作品。”

此后杂志《白桦》刊登了柳宗悦的《革命的画家》，介绍“后印象派”（Post-Impressionism）运动，在19世纪末到20世纪初的这段时间，绘画发展的方向也逐渐清晰了起来。这样看来，青木繁那个时候已经背负上了落伍的命运。青木繁在自己没有预料到的绘画革命到来之前辞世，这对他来说恐怕也是一件幸事。在评价青木繁的画业时，我们应该肯定的是，在美术界他第一次提出了艺术家“个性的创造性”，并把发挥自由想像力的可能性告诉了人们。但是与光太郎相比，二者的立场还是不同的。光太郎承认“个性的绝对权威”，他的艺术观波及未来，而青木繁的绘画就此终了。青木繁虽然志在开拓绘画的未来，但最终只落个“装饰前奏曲结尾部的浪漫尾章”的结果。我们不必惋惜他的早逝。评价他短暂生涯的晚期作品本身就太残酷了。可以说在创造《海之幸》的时期，青木繁的绘画艺术在达到顶点的同时也迎来了终点。

第二章 《绿色的太阳》是“印象派宣言”吗

——高村光太郎的现代主义

在前文中我们提到，高村光太郎发表在明治四十三年（1910）杂志《昂》四月刊上的文章《绿色的太阳》。这篇文章可以看作以西洋画为标志的日本近代化的觉醒，它具有一种宣言性质的重要意义。幕府末期至明治初期，西洋画之所以震惊世人是因为它“逼真”的写实主义技法。“逼真”也是工部美术学校的治学方针。当时的西洋画与其称之为“艺术”或“美术”，还不如说是实用性的“科学技术”。鼓吹美术国粹主义的菲诺洛萨，在《美术真说》中说道，因为传统的日本画具有“艺术之所以为艺术”的“妙想”，所以更胜西洋画一筹。

高村光太郎《自画像》

《绿色的太阳》经常被人们引用的就是我们在前文中提到的这一段：

> 纵使有人画绿色的太阳，我也无意否定。因为我可能也会看到。不能因为有“绿色的太阳”而忽略绘画整体的价值。绘画的价值与太阳是绿色或是红莲色无关。

画出绿色的太阳也没什么。光太郎主张的根本思想是艺术表现的绝对自由。意在承认“艺术家的个性（persoenlichkeit）具有无限的权威”。贯穿这些言论的无疑是超越了东方和西方之别的、具有普遍性的艺术理念。

杂志《白桦》

在《绿色的太阳》发表同年创刊的杂志《白桦》六月刊第一卷第三期上刊登了法国归来不久的有岛生马（壬生马）的文章《画家保罗·塞尚》。在明治四十五年(1912）一月第三卷第一期的《革命的画家》专辑当中，柳宗悦介绍了塞尚、高更、马蒂斯的画作，并首次评论了这些画家所代表的画界新潮流。在杂志《白桦》的推动下，人们对“后期印象派”画家的关心骤然高涨起来了。综上所述，可以说光太郎的《绿色的太阳》逆转了盛行于明治西洋画坛的写实主义潮流，它提倡追求艺术家个性表现的绝对价值，它是当之无愧的新时代艺术运动的先驱。

1.《绿色的太阳》与“后期印象派”

奇妙的是，《绿色的太阳》这个毋庸置疑的表现主义宣言，在日本近代美术史的论述中经常被作为日本的“印象派宣言”引用。最有代表性的土方定一的文章就有以下的叙述：

> 在明治四十三年（1910）四月号的杂志《昴》上，高村光太郎发表了可谓印象派宣言的《绿色的太阳》一文。很多人还清楚地记得这篇文章令当时的青年学生欣喜若狂的情形。它宣告了看得到自然现象的、人的眼睛的国际性革命。同时也直接否定了当时石井柏亭等人主张的“固有色”。
>
> （土方定一，《印象派的移植与〈白桦〉》，《土方定一著作集6·近代日本的画家论I》）

但中村义一却指出：“与其说这是日本的印象派宣言，倒不如说是日本的后期印象派宣言，甚至是表现派宣言、野兽派宣言。”(中村义一，《日本近代美术争论史》，昭和五十六年（1981））之所以这样认为，中村解释说：“这是由于对‘地方色（local color)'这个词的含义的误解。因为光太郎赋予了这个词两三个意思。在这里他指的是'某地方自然色彩的特色',并不是人们熟悉的印象派术语'固有色'(local color),即不受反射光与反映光影响的、物体本身所具有的颜色。"《绿色的太阳》究竟是不是"印象派宣言"呢?现今看来,中村的观点是比较妥当的。

但也要注意到中村的"与其说是日本印象派的宣言,不如说是日本后期印象派的宣言"的这一婉转的语气。在这里让我们首先来思考一下欧洲美术运动究竟给日本近代带来了怎样的影响,然后再来验证当时印象派运动是怎样被理解与消化的。在这个基础上,我们再来思考围绕着"绿色的太阳"展开的"后期印象派"问题。

土方把"local color"理解为"固有色"以此来读解《绿色的太阳》。他的这种理解也是有道理的。土方认为光太郎是用"印象派宣言"来反驳在第三届文展上获得赞誉的山肋信德的画作《停车场的早上》。有人称赞这幅画是"出类拔萃的印象派",但在光太郎看来,这幅画不仅完全没有印象派的画风,甚至可以说是一幅拙劣的作品。同时光太郎认为这幅画也有吸引他的地方,他是这样描述他对这幅画的印象的:

> 这幅画是拙劣的画、不精巧的画。我欣赏它不是因为它是印象派的或是近代的。我觉得这幅画像一旦咬住了就绝不松口的BULLDOG一般,执拗地紧紧咬住了自然,就是因为感受到了作者从自然中得到的某种感受,才让我对这幅画着迷。

因此,土方说:"这实际上是一个围绕着明治四十二年(1909)的《停车场的早上》中出现的鲜活原色是否为印象派的问题。"这幅山肋的作品被永井荷风和Barnard Learch称赞为具有出类拔萃的印象派风格,甚至能让人们联想起莫奈的《圣拉札尔车站》。

对这一评论持异议的除了光太郎以外还有石井柏亭。石井对这幅画的评价是,一味模仿印象派技巧,结果弄得画的虽然是日本的风景却让人丝毫感受不到日本的存在。

石井柏亭用“地方色”这个词说明了在绘画中表现日本风格的重要性。关于山肋的这幅《停车场的早上》，织田一磨也发表了一篇题为“日本的自然与光的绘画本位”的评论，该评论刊登在《朝日新闻》的文艺专栏中。此文与石井柏亭的观点相同，也批评这幅画欠缺日本风格的表现。同时引起了人们的另一场争论，“光本位”的印象派是不是根本就不适合日本人的艺术情感呢？

这场争论实际上是再一次提出了要追求绘画表现中的“日本独特性”。这种追求在“妙想”的日本画与“逼真”技术的西洋画的争论中已经提出来了。光太郎力图以“绿色的太阳”的倡议来一举解决这个问题。

当时，印象派的色彩表现已经在画坛站稳了脚跟，比起印象派来，最先遭到高山樗牛非难的是外光派的色彩表现。高山讥讽地批评道：

> 曾于明治美术会之会场，亲眼见过一幅枕臂横卧之本邦美人图，乃南派画伯黑田氏所作。以黄红青紫之色线，隐秘彩饰于颜面手足，乍看难以辨别其为人之肉身。（中略）有人评论到，听说西洋画家精于表现人体组织，想必是画肉于骨骼之上，还未附上表皮。（中略）吾等很是想听听黑田氏对此批评如何答辩。总之，不知人的眼球如何构造才能看出这隐约粉饰的色彩之美。

高山的这种观点也可以看成“逼真的技艺”沉淀后，开始追求“自然”的日本现实主义的发展。虽然黑田清辉使用的外光派的表现被樗牛视为异类，但是光太郎说，黑田也是一位“努力使外光派日本化”的画家之一。当时，流行的“构想画”的主题以及“自然”的表现上都极力追求的日本风格，在光太郎的眼中是完全没有意义的东西。他说：

> 我内心的这个要求驱使着我把最近人们挂在嘴边的、所谓

> 地方色的价值极小化。(英文的 local colour 有两三个意思。这里的地方色指的是一般所说的某一个地方的自然所具有的色彩之特色。) 我认为画家之所以为“地方色”而烦恼，无非是由于我们前面所提到的高价却无益的印花之一罢了。

光太郎认为自己生下来就是日本人，就像鱼儿离开水就不能生存。即使缄默着，自身的存在就已经证明自己是日本人了。这就像鱼儿永远不会意识到鳞片是湿的一样，大多数的时候是不会意识到自己是日本人的。在前文我们也提到他曾这样说：

> 我创作时的心理状态是从一个人的角度出发。也没有什么“日本”之类的念头。只是根据自己的所想、所见、所感而无所顾忌地创作。完成后再看时也许作品是所谓“日本式的”。不过，无论它是与不是，都与我这个作家本身毫无关系。

光太郎进一步说，“无论怎样随心所欲地发挥，待到我们死后，留下的就只有非日本人所不能创作出的作品了”。这样看来，《绿色的太阳》就是要跨越自西洋画传入以来就争论不休的“地方色”问题，让人们从更普遍的角度，重新思考艺术是什么。解决这一问题的关键可以看成是光太郎提出的“具有无限权利的艺术家的个性（persoenlichkeit）”。

如果从现代艺术的历史性脉络来说明印象派的近代性，可以说土方的话把它总结成“观看自然现象的人的眼睛的革命”。然而，黑田等人把印象派的表现方法带到日本时，是否明确意识到这一点了呢？写实主义向印象主义的发展已经意味着客观主义向主观主义过渡的这一“哥白尼式的转变”（译者注：哥白尼提出的地动说逆转了天文学界的天动说。康德在《纯粹理性批判》中用这一词来形容自己的唯心论对唯物论的逆转）。但黑田及其后继者们对印象派的理解，似乎只停留在对“光本位”的写实主义的理解上。土方之所以把《绿色的太阳》看作印象派宣言，是因为“观看自然的人的眼睛”的作用第一次得到了觉悟性的阐明。此后提出了这一倡议的光太郎把这种主观主义的转换又推进了一步，主张艺术家个性（persoenlichkeit）表现的绝对自由。可以说《绿色的太阳》已经超越了印象派的思想。这也就是为什么中村称它是“后期印象派宣言”。可是中村也略显犹豫地说“如果说是印象派的话……”“后期印象派”的这一译文与其说是“误译”，还不如说是“日本式的造词”。在这里，要依据历史的文脉对这种暧昧的美术史用语加以纠正。

杂志《白桦》发表了光太郎的《绿色的太阳》以后，又连续刊登了有岛生马的《画家保罗·塞尚》、柳宗悦的《革命的画家》。由此可以看出当时人们对后期印象派的关注逐渐高涨起来。但同时必须注意到的一个事实是《白桦》的执笔者没有一个人用的是“后期印象派”这一词。他们统一使用的都是“后印象派”这一词。

众所周知，“后期印象派”是 Post-Impressionism 或是 Post-Impressionists 的译语。但我们知道，没有人认为“postmodern”是“后期近代”。而且英文又不是 Late-Impressionists，这个“后期印象派”的译语从原本的英文意思来看完全属于误译。令人费解的是在学界和出版界至今仍无人订正这一荒唐的美术史用语，使得它仍堂而皇之地出现并且屡见不鲜。Post-Impressionists 应被译为“印象派以后”或是“后印象派”。虽然语言还略显生硬晦涩，但白桦派的“后印象派”或是“后印象画家”的译语还算是正确表达了英文的原意。

柳宗悦的《革命的画家》发表在明治四十五年（1912）一月发行的《白桦》的第三卷第一号上。在文章的开头，他是这样说的：

> 1910 年 11 月，在英都伦敦的葛拉福顿画廊举办后印象派画家（Post-Impressionists）的画展之时，评论者们如潮水般的评论久久不能找到一个统一的观点。他们被这股革命性的飓风推到了不得不刷新历史的境地，在选择自己命运的十字路口犹豫不决。独具慧眼的人在众多的画布前如同被唤醒一般、激动

地、着迷地看来看去。与此同时，在这汇集了近代鲜红血液的艺术殿堂里，也充斥着嘲笑声与怒骂声。一天这次展览会的主办人罗佳·福莱（Roger Fry）在公众面前，用充满了理性与感性的语言说明了这些绘画作为新运动的意义与价值。但与此同时，理查蒙德（W. Richmond）却在贵族学院举行讲演，用严肃的语气祈求上帝把学生们从“不快的尘芥”中解救出来。

柳宗悦

从刊登的年月日可以推算出这篇文章写于1911年。如果是这样的话，这条对1910年11月至转年1月召开的画展的报道，从当时的信息传递状况来说，可以说是非常迅速地被传到了日本。而且在《白桦》第四卷第一号（大正二年（1913）1月发行）上还刊登了柳宗悦翻译的画展的宣传目录(《马奈与后印象画家展》原著者不详，最近有学者指出是福莱本人写的)。

组织这次《马奈与后印象派》画展的罗佳·福莱，曾经是美国大都会博物馆的研究员、后来回到英国创办了《波灵顿周刊》。福莱企划这个画展的目的，可以说是追溯尚未被人们发现的、以马蒂斯为代表的20世纪前卫艺术的源头。

虽然现在的美术史，把塞尚、凡·高、高更等人代表的“后期印象派”时代说得特别辉煌，但事实并非如此。这三位画家在他们生活的时代不过是被排除在画坛主流之外的无名小辈。可以说正是通过福莱企划的画展，他们的绘画才得以被重新发现，并得到了今日的评价。福莱把马蒂斯继承的塞尚、凡·高、高更评价为超越了印象派的、与欧洲传统的写实主义背道而驰的画家、也就是“印象派以后的画家”，或是“后印象派”。可以说“印象派”以及印象派运动所产生的“后印象派”，它们的共同之父就是马奈。研究证实，福莱准备了一个“后印象派”的同义语，就是“表现派”，这个词在表述上更为贴切（注1）。因此可以说，把具有反印象派特征的“Post-Impressionists”译为“后期印象派”是明显违背命名者福莱的本意的。在此顺便指出，“表现派”、“表现主义”等用语的正式出现是在1912年的“柏林分离派展”以后。

这个“后印象派”的首次画展，舆论效应带动了经济效应，在收益上也获得了成功。紧接着1912年举行了第二次画展。第一次画展主要是代表新潮流的法国画家，但在第二次画展上，加入了英国、俄国画家小组的作品，使其更加国际化。在这个画展的刺激下，1913年纽约也举行了在现代艺术史上具有划时代意义的“军械库展览会（Armory Show），近代美术清晰的文脉从此逐渐形成。在这新时代的动向中，对巴黎与伦敦的交流，发挥了重要作用的人物就是史坦恩（Gerturude Stein）。应该注意的是，柳宗悦也曾提到过他：

> 加利福尼亚人史坦恩夫妇，因崇拜马蒂斯而千里迢迢地移居到了巴黎，看了数百个马蒂斯的收藏，说他的艺术不是征服一切而是否定一切。

“后期印象派”这个词究竟是从哪里来的呢？上面提到的福莱策划的画展，它的直接评论是Lewis Hind 1911年出版的《后印象派》。这篇文章经木村庄八翻译后刊登在北山清太郎创办的美术杂志《现代西洋绘画》大正二年（1913）八月的特辑上。翻译用语的混乱就是从这个特集开始出现的（注2）。在这个特集里，光太郎也投了稿，我们可以发现他在“后期印象派”这一用语的规定上是有问题的。下面让我们详细地看一看。

上面我们已经说明，在光太郎写《绿色的太阳》时，不仅没有“后期印象派”，就算“后印象派”的词语也不存在。至于“表现主义”这个概念出现得就更晚了。尽管如此，光太郎的《绿色的太阳》却先知先觉地出现了。作为艺术家的光太郎用自己的直觉来大胆地倡议，与他相比，柳宗悦又如何呢？他对“后印象派”的解释其实和《白桦》同仁相差无几，都把塞尚解释为“内在气息的表象”，具有强烈的文学性质与人道主义色彩。因此可以说光太郎的《绿色的太阳》在日本近代美术史上具有划时代的意义。

2. “外光派”与“印象派”

让我们暂且放下《绿色的太阳》究竟是“后印象派宣言”还是“印象派宣言”，来看看最初把印象派画风带到日本的黑田清辉本人是如何给自己定位的。

从明治二十八年（1895）举行的明治美术会第七届展览会开始，法国归来的黑田清辉与久米桂一郎，凭借他们崭新的画风一跃成为明治画坛备受瞩目的人物。那时，由于黑田与久米率领的“天真道场”与旧有的“明治美术会”的画风完全不同，当时的报纸把二者的差异饶有兴趣地渲染成势在把画坛一分为二的、革新派对守旧派的挑战。天真道场的画家们，由于黑田与久米恰巧住在东京的南面（黑田住在麸町区平河町，久米住在同一区的元园町）而被称作“南派”，反之，明治美术会系的画家们就自然被称为“北派”（小山正太郎的不同舍在驹入团子坂，浅井忠的书塾位于下谷上根岸）。“南派”亦被称为“紫派”，它出自当时在《日本新闻》撰笔美术评论的正冈子规。这个命名是因为南派善于表现明亮光辉的色彩，特别是承认阴影里也有光的反射，并用紫色来表现。“北派”则由于黯淡混浊的脂色基调而被称为“脂派”（注3）。后来又出现了“旧派”与“新派”、“变则派”与“正则派”这样的称呼。总之两派对立的态势变得越来越明显。最终，天真道场一派终于在明治二十九年（1896）从明治美术会脱离结成了“白马会”。

在这种状况下，森鸥外发表了《谈我国西洋画的流派》与《再谈西洋画的流派》这两篇文章试图调停两派的对立。森鸥外说，“新旧正变”这样的说法不过是一味地褒扬南派为“名画之派”，贬低北画是“恶画之派”的片面说法，对南北派的画风应依据各自的本质进行公平的评价。森鸥外还说道，所谓南派其实相当于欧洲的“自然派”、“实相派”、“印象派”等画派。

然而，当时的《每日新闻》的美术记者、吉冈芳陵却用“外光派”这一词语来说明南派的特征。围绕着黑田带来的新派画风，森鸥外与芳陵之间产生了一场“印象派还是外光派”的争论。森鸥外在《西洋画南派》及《南派原委》中，依据当时获得的最新资料、即杜雷（Thèodore Duret）与马沙（Richard Muther）的著作，来论述欧洲画坛的状况，并在近代绘画的历史脉络中这样阐述印象派的位置：

吉冈芳陵云：印象派由克劳德·莫奈拓展开来，现今以马奈为领袖人物。其画分别使用日光之七色，不调色。因此说黑田、久米二画家乃外光派而非印象派。而吾把外光派之黑田、久米二画家称为印象派乃是从杜雷之著作而来。杜雷视不在室内而在室外之空气中以外光作画为印象派之特色，亦把马奈、克劳德·莫奈……布丹、乐格雷等人归为此类。

（《芳陵子之西洋画小论》明治二十九年（1896）四月）

予尤记印象派之名原专指以马奈为首之一派。然拓宽此名涵盖外光派作家之例，在法、德二国亦不鲜见。于是印象外光合二为一成其功果。

（《南派原委》明治二十九年（1896）九月）

作为新派领袖的黑田本人又是如何定义自己的画风呢？让我们在大桥乙羽笔录的各界名人会见集《名流谈海》中的《西洋画问答、黑田清辉君口述》一文看个究竟。（森口多里《明治大正的西洋画》所录）这次会见的时间是白马会举办第一次画展的明治二十九年（1896）的晚秋时节。乙羽提出了关于新旧派的问题，在那个时期问黑田这个问题，也是顺理成章的。黑田是这样回答的：

我所说的旧派主要是指在日本到目前为止所创作的油画，而新派是所有最近兴起的色彩明亮的绘画，并非是印象派的绘画。这一点要注意。

接着乙羽又问：新派究竟诞生在哪个时代，是由谁创立的？当时黑田的回答是：“19世纪中叶法国的米勒、卢梭的绘画也并不是现在这样色彩明亮的绘画。”他这个回答是考虑到了在工部美术学校创建初期，丰塔涅吉（Antonio Fontanesi）从欧洲移植过来的巴比松画风。黑田进一步说：

> 但是米勒时代的绘画与19世纪初的绘画比较起来，有着非常明显的变化。这个变化主要是着眼点变新了。开始重视研究实际情况与天然事物，抓住人情风俗的微妙调子进行创作。以前是画家把自己关在画室里下功夫，所以作品的线和位置虽然也都不错，但从中能够感觉到的东西很少。米勒还有以画风景明信片著称的柯洛等人的画是从感觉中诞生的画，也就是说，唯有观点是新派的。

在这里黑田用了“观点上的新派”这一说法。他结合巴比松派的写实主义传统说明了今日“新派”的立场。

像乙羽这样的外行都能一眼看出，新派与旧派的不同之处在于用色的明暗。而这种差异是由于旧派力图“画出物体的形状”，而新派却要“画出物体的感觉”。黑田说：“这大概就是所谓时势。”

“画出物体的感觉”究竟是怎么一回事呢？对于乙羽的“新派与旧派的方法与画法”的问题，黑田解释了外光派的理论，也就是一边实地感觉光线与空气的变化一边画。他说：

> 同一个人的脸，从前面受光或是从后面受光、在室外或是在室内，颜色存在很大的变化。不加以区分，一律看作相同的脸来画的是旧派。如果在室外，就会像真在室外那样，在头发上画出蓝天的反射、在鼻尖下嘴角旁添上周围的花草的反射，这样一来，有时也会有这半边脸是红通通、那半边脸是黄澄澄的情况。就这样毫无顾忌地画就是新派。

黑田言简意赅地说明了否定固有色的新理论。针对新派与旧派的不同之处，森鸥外、黑田以及从黑田的观点出发的芳陵、这三人是有区别的。他们的区别就在于，森鸥外是从既包括印象派又包括外光派的广阔视野来分析，而黑田与吉冈芳陵却只是把印象派看成追求外光表现的新派之一。这种区别也是美术史研究者的森鸥外与亲身体验了巴黎画坛现实的画家黑田的不同。

印象派在近代美术的历史流程中的重要性是毋庸置疑的，但在那个时期，印象派的绘画是否在国际上取得了不可动摇的地位呢？事实上，印象派的作品除了得到一部分内行的认可外，法国政府在1890年以前对印象派基本上是毫不理睬的。今日在奥赛美术馆我们看到的众多的名作幸亏是当时莫奈亲自募集基金才遏止了这些作品流失到美国等其他国家。1900年在巴黎召开了万国博览会后，法国政府才开始大力购买印象派的作品。但这些作品在很长时间都被堆积在卢森堡宫，直到1929年它们才被拿到卢浮宫保管。在以沙龙为主流的19世纪末的巴黎画坛，印象派受到了怎样的对待是可想而知的。

虽然在当下印象派被称为“视觉的革命”、它作为近代绘画史上的重要阶段已经成为人们的常识，但在那时它的意义并没能被人们所认识到。那时支配画坛的沙龙接受印象派画风的程度代表了那个时代对印象派的评价与理解。那时也有一位沙龙画家积极吸取了向印象派过渡的外光表现，他就是被黑田尊为师长的柯兰（Louis Joseph Raphaël Collin）。

不能断言那个时期新派就完全压倒了旧派。明治美术会太平洋画会的继承者鹿子木孟郎、中村不折对新派就有反抗意识。他们为了向旧派的正规学院画家学习而先后赴法，拜入罗连斯（Jean Paul Laurens）门下。

从暗淡的画到明亮的画，黑田说它是“时势”、吉冈芳陵说它是“科学的进步”。从这些仍然都带有“文明开化”意味的观点中，我们也许能够感受到当时日本美术界的氛围。这些明治时期的画家们，认为引进西方美术运动就是“进步”，这样的认知水平使他们还远远不能把印象派理解为绘画的革命。

森口多里曾说过，对于黑田在谈话中所提到的“把事物的感觉画出来”、“把看到后产生的感觉画出来”，有必要仔细思考。他是这样说的：

> 这在当时是新的说法，暗示着由外光描写唤起的新的感觉上的愉悦。而且也蕴含着把外光派作为一种情绪主义的可能性。它足以让后来的形式主义外光画家，以及失去了诗情的外光画家对自身进行反省。黑田清辉的艺术的价值并不在外光表现上，而是在发挥外光表现而产生的诗情上。这里面既有日本人特有的细腻的感性与柔和的情绪，又有法国人所说的良好的Gout（品位）。在如今这个样式化表现支配着的时代里是无处寻觅的。
>
> （森口多里《明治大正的西洋画》，昭和十六年）

森口多里认为正是光太郎在直接指出了黑田的名字后提出要排除的“地方色”。这种混合了黑田的情趣表现的外光主义，在久米看来是私淑于夏凡纳（Puvis de Chavannes）的。久米是这样说的：

> 黑田君的作品中属于印象派画风的极少。回到日本后用点来描绘的画法，比起黑田我使用的更多。这也绝不是作为正当的画法使用的。不过是作为一种鲜见的画法给日本画坛提出一个范例罢了。
>
> （《国民美术》黑田清辉先生追悼号）

日本最初的“印象派”虽然是个名誉的称号，但恐怕画家本人当时也未必喜欢。对黑田的这种评价究竟是从何而来？又是怎样产生的呢？它应该起源于《白桦》传播的对“后印象主义”的狂热支持，产生于这种支持引起的追溯近代美术史的潮流。它的先驱就是光太郎的《绿色的太阳》，这篇论文明治四十三年（1910）四月刊登在《昂》上。那个时候，“后印象主义”这个用语还没有产生。因为首次的后印象主义展览会是在1910年11月到转年的1月举行的。这之后在《白桦》上开始出现了“后印象派”、“后印象画家”的用语。当时白桦派可以说是在第一时间发布了后现象派的消息。因此这个时期发表的《绿色的太阳》只能看作“印象派宣言”了。

那么，光太郎的这个对印象主义的解释究竟是从何而来的呢?读光太郎的《绿色的太阳》时，总会不觉地注意到这样一个问题。这就是这篇论文经常会出现刚才提到的“Persoenlichkeit”这样的德语。有一个原因是受到了《昂》的编辑、森鸥外的弟子木下杢太郎的影响。木下杢太郎曾经翻译过慕瑟（Richard Muther）的著作，在我国最初介绍了慕瑟的《十九世纪法国绘画史》。森鸥外解说印象派运动时经常引用慕瑟的著作。

这一时期的画坛受到了法国的影响，同时，美学、美学史研究、美术评论的主流却又是德国的理论。当时担任《白桦》美术评论的是柳宗悦、儿岛喜久雄、武者小路实笃。他们所评论的作品不仅仅限于法国的后印象画家，初期他们在动荡的近代美术的文脉中瞩目的是后来在我国很少被提起的德国画家，例如克林格（Max Klinger)、史图克（Franz von Stuck)、乌德（Frite von Uhde)、沃格勒（Heinrich Vogeler）与霍夫曼等人的作品。(注 4)

顺便提及，虽然《白桦》的名称由来没有定论，但也许它是取自德国北部沃普斯韦德（Birkenhof）的画家们经常聚集的沙龙、沃格勒的“白桦馆”的名称。从当时《白桦》同仁与沃格勒的书信往来以及委托沃格勒设计《白桦》封皮和纹章的图案来看，虽然这种狂热后来由罗丹取而代之了，《白桦》对沃格勒的投入一度也是非比寻常的。此后的武者小路实笃在日向的“新村”构想甚至也可以认为是效仿沃普斯韦德的艺术家聚集地（注 5)。不过以上的观点到目前为止仅属于推测的。

闲话休提。光太郎对印象主义的解释，与当时对欧洲评论界具有极大影响力的德国美术评论家、葛拉埃菲（Julius Meier-Graefe）的著作《近代美术发展史》(*Entwicklungsgeschichte der modernen Kunst*）有密切的关系。此书 1908 年被译成英语，据说也影响了命名了“后印象主义”的福莱。光太郎很可能有此书的英文译本或德文原版。

光太郎从历史的角度论述印象派的最初评论是大正四年

(1915)近代思潮业书第五篇《印象主义的思想与艺术》。从初版的序文来看，事实的记录性资料主要依据杜雷的著作。森鸥外在介绍印象派时也常常参考这一著作。在序文中，光太郎是这样写的：

随处可见笔者对印象派画家和印象派的评价。笔者曾经赞美印象派。现在已经过去了。但现在能写些关于塞尚的东西即使篇幅不长，笔者也深感荣幸。

虽然记录资料引自杜雷，但这里光太郎特别举出的重要的作家马奈、塞尚、窦加、雷诺瓦，他们都是葛拉埃菲所认定的“近代绘画的四大支柱”。葛拉埃菲在书中以四章来分别介绍这四位画家。而且光太郎还常常以肯定的语气引用葛拉埃菲的语言。比如说：

印象主义的精神，从其主流来看是艺术本来的必然精神。善意地评价印象派画家的精神的话，他们是致力于继承在人类历史中生生不息的艺术本体。虽然这些艺术家们作为人的大小深浅决定了他们的素质，但他们按照自然的必然性降生到了世上、经历了痛苦并出色地完成了他们的使命。

这个把马奈到塞尚的发展过程看作“印象主义精神主流”的观点，光太郎虽然是用他特有的昂扬语气来表现，但基本内容与葛拉埃菲的“发展史”，即印象派在近代美术史的定位是相吻合的。

我们应该如何解释这个事实呢？我们在前面提到过《绿色的太阳》是光太郎自己的观点，它产生在“马奈与后印象派”画展召开之前。在这之后，在白桦派同仁的介绍下，福莱的概念广为人知。但光太郎从始至终都认为在马奈到塞尚的历史流程中印象派占有主流地位。从这一点反观《绿色的太阳》，可以说它无疑是光太郎从自身理解的美术史出发的“印象派宣言”。

从另一方面也可以把它看成光太郎在后现代派概念逐步成立的状况下的一种有意识的对应。但在《印象主义的思想与艺术》的这篇文章中，曾经在《绿色的太阳》中出现的“地方色”这个词，在没有任何说明的情况下一跃变成了“固有色”（注6）。

光太郎在这篇评论中，基本上没有涉及所谓“后期印象派”。但却有意识地把自己曾经给过最高评价的塞尚从凡·高、高更的“后期印象派”中划分出来。这可以理解为，在白桦派的文人们只是一味地抒发对凡·高、高更的生存方式的共鸣的这一情况下，作为造型艺术家的光太郎的反驳。但是光太郎的评论虽然说“所谓印象主义、印象派只不过是标签而已”，但他却把马奈说成“前期印象派”，其他的看作“后期印象派”。所以不得不说，从美术史的文脉来看，这个定义是对 Post-Impressionists 的误译。

这样看来，高村光太郎的《绿色的太阳》很难用“印象派宣言”、“后期印象派宣言”或者是“后印象派宣言”这类的说法来简单地总结定义。《绿色的太阳》实际上是在现代艺术的文脉初具规模的特殊时期，从“艺术”这个普遍的视野来倡导它的近代性的划时期的评论，而且这个评论也成了一个重要的标志，它让我们重新思考日本的印象派究竟是什么。

第三章　罗丹与近代雕塑
——有关雕塑的触觉性

铁坠子的国家

高颧骨、厚嘴唇、三角眼。名家三五郎雕刻出的那些脸如同铁坠子一般，像被抽了魂似地发着呆。

那不知自己是何许人也，总是小里小气，贱命又爱虚荣，像猴子，狐狸、鼯鼠、麦鱼、鬼瓦、茶碗碎片般的日本人。

（高村光太郎《道程》，明治四十七年（1914））

1. 与罗丹的相遇

可以说，日本的雕塑迈入近代，是从发现罗丹开始的。《一千九百年巴黎万国博览会 临时博览会事务局报告下卷》记录着各国的出品状况。在此书的第三卷有一篇久米桂一郎执笔的题为“法国现代美术”的报告。罗丹的名字最早就出现在这篇报告中。明治三十五年（1902）的《美术新报》第一卷数次引用了这篇报告中的内容。罗丹的名字与作品出现在了第一卷第十二号的“雕刻与章牌雕刻”这一部分中：

名震宇内的法国雕塑泰斗、革新现代艺术的伟大天才奥古斯特·罗丹。罗丹的回顾展只收集了他的旧作，为数不多的展品实在不足以表现其大师风范。要察知他的卓越奇才，就要到回顾展会场外的独立博览会上看一看。在那里可以通观他的全部创作。

文中提到的这个“独立博览会”实际上是罗丹的首次大型个人作品展。这次个展与万国博览会同时开幕，是在一位银行家的资助下，在阿尔玛桥附近举行的。在这次个展之前，罗丹与莫奈于1889年在乔鲁玖布提画廊举办了一次联合画展。在那次画展上，罗丹主动与官学派的画界人士接触，同他们探讨自己的画作。这次“接触”使罗丹得到了广泛的社会认可，从此声名大噪。由于此次个展汇集了罗丹的大多数作品，旧作与新作共达180件，所以同时举行的万国博览会只能展出罗丹其余的23件作品。随着个展的成功举办，罗丹的名字也漂洋过海传到了国外。久米在这次展览会的报告中，特别举出了“巴尔扎克的奇警立像”以及与它风格相似的肖像作品群。久米还指出罗丹初期的杰作“青铜时代”是这次展览会最重要的作品。通观这两个展览会，久米得到了这样的结论：“罗丹不愧为‘当代米开朗基罗’，他果然具有非凡的力量与精湛的技巧。”

但在同一时期，日本国内对于罗丹雕塑的评价却是否定性的。据高村光太郎（注1）回忆，明治三十七年（1904）欧洲留学归国后的东京美术学校雕刻系教授白井雨山在评价光太郎油土雕塑时说：“你的风格是细腻精美的，是与罗丹不同的。罗丹是宛若狂人一般的雕塑家，专门创作奇异的作品，不应效仿他。”但这番话反倒激起了光太郎对罗丹的好奇。他第一次有机会看到罗丹的作品，是在杂志《斯丘蒂欧》介绍国际绘画雕刻展览会的文章中。这篇文章刊登了一张“思考者”的侧面照。光太郎回忆说当他看到这张照片时被它强烈地打动了。不过在《雕塑杂记》（光太郎，明治三十六年（1903）三月二十一日）中，光太郎写道：“通过照片我看到了罗丹创作的、诗一般的裸体像，至今也不能忘记。他真不愧为巨匠。”以此推算，光太郎第一次看到罗丹的作品大概是在一年前。

在光太郎被“思考者”的照片打动时，在巴黎的展览会馆里还有一个人，他站在这个作品的面前，受到了强烈的震撼。这个人因为这次震撼的体验而放弃了绘画的理想走上了雕塑的道路，他就是荻原守卫。中村三郎在文章《明治末期的罗丹》中写道：“几乎

高村光太郎

与巴黎同时，在东京‘思考者’也同样震撼了日本青年的心灵，从此罗丹与我国结下了奇缘。”正像他所说的，这真是名副其实的“奇缘”。在考虑日本近代雕塑的出发点时，这完全是具有象征意义的“相遇”。明治三十七年（1904），荻原访问了巴黎的沙龙。虽然出展的千余件作品不乏有趣的和美妙的，但荻原却没有遇到能够触动心灵的作品。他回忆道：

> 就在我不觉感到一丝索然无味时，柳暗花明般地转到了罗丹的作品前，顿时令我骇然而惊、悄然而惧，久久心驰神往，忘记了身在何处。（中略）在遇到这个作品的瞬间，我第一次被艺术的伟力震撼。我意识到了美之神圣，从此立志成为雕刻家。

原本志向绘画的荻原，在感受到来自罗丹的艺术的强烈震撼后，突然决意放弃绘画转向雕塑领域发展，那么罗丹艺术的魅力究竟在哪里呢？首先我们要从绘画与雕塑的不同表现方式来考虑。一般来说，把绘画与雕塑一律算作造型艺术的情况较多。但实际上，绘画作用的感官与雕刻作用的感官，在本质上是不同的。18 世纪赫尔德（Johann Gottfried von Herder）的《雕塑论》出版后，雕刻开始被认为与人的触觉有关，在本质上它与视觉艺术的绘画不同。盲人无论如何抚摸画布都不会感到任何形象，但对于立体造型的雕刻，却可以通过触摸来感知这种艺术。而且我们也经常有这样的体验，盲人学校的学生们创作出的立体造型，总会让我们的眼睛不觉为之一亮。

再让我们看看高村光太郎。读过他晚年执笔的《触觉世界》的人都会知道，光太郎可以算是一个极为罕见的、“触觉型的人”。也许正是罗丹的艺术让光太郎意识到了雕刻是一种触觉艺术。由于光太郎的父亲是继承了日本传统木雕技术的高村光云，所以光太郎幼时就已经对雕刻的世界很熟悉了。在日本，直至奈良时代为止，以东大寺三月堂的日光月光两菩萨、戒坛院的四天王以及新药师寺的十二神将为代表，一直盛行塑造技法的造像。此后木雕虽成为造像的主流，但正规的造像仍然没有断绝使用塑造技法。虽然制造过金铜佛，但也只不过是铸物，塑像只是制作铸型的原型。

明治九年（1876）附属于文部省工学部的工部美术学校成立，此校同时设立了“画学科”与“雕刻学科”，并邀请意大利的温阡佐·拉格撒来雕刻学科任教。这可以说是日本对西方雕刻的“移植”，或者说是日本近代雕刻的开始。但是，当时人们对于雕刻的认识还是很低的，认为它与摆饰、木偶、装饰钉帽、坠子的制作没有什么区别。针对这种情况，工部学校的雕刻学科，在其科目设置规则书中这样写道：

> 美术学校全部学科，唯有雕刻科学生，可用官费就学。本邦雕镂师职业，历来被视作庸职贱业，但在欧洲却是上流人士立身扬名之高尚技艺。特以此规定奖励立志以雕刻学贡献社会之有志人士。

当时的学生们认为“雕刻”就是雕与刻。但让他们吃惊的是，西方雕刻的基础是用油土与石膏这两种新的雕刻材料来造像。这两种材料对于学生们来说，是陌生而新奇的，而且在当时的日本也是很难收集到的。虽然如此，这一新技法在日本逐渐从西方雕刻领域推广开来，成为了广泛使用的造像技术。在这种情况下，单指“Plastics”、“Carving”的“雕刻”这一译语，也变得不够准确充分了。于是，大村西崖提出了一个新的称呼，这就是用“Modeling”即“塑造”这一词来补充的“雕塑”。西崖在《京都美术协会杂志》第二十九号（明治二十七年（1894）十月号）中这样写道：“立体造型的美术可分两种，一种是消灭型的雕刻、一种是捏成型的雕刻。雕与塑二者兼熟，才能称之为‘雕刻’”。这里所说的“立体造型的美术”，在明治五年（1872）公布的维也纳万国博览会的出品名单附录中，被记录为“作像之术”。它第一次被称为“雕刻”，应该是出自上面提到的工部美术学校规则书。

久米桂一郎在万国博览会的报告中，把被誉为“当代米开朗基罗”的罗丹的声名传到了日本，并介绍了毁誉参半的“巴尔扎克的奇警立像”。这个巴尔扎克的立像本来是法国文艺协会向罗丹订购的。由于罗丹塑造了穿着睡衣的巴尔扎克，被指责作品缺乏文豪应有的风范，而且在雕刻的表现上也被批评是“歪曲状的”、“缺乏形式美的”，法国文艺协会因此而拒绝接受这一作品。但正是这一立像表现了罗丹作为“当代米开朗基罗”的造型特征。这就是通过充满了力量感的量块来表现人体。与其说是人体，不如说是略显倾斜的直立巨岩。这一立像超越了所有的文学性质的形容，具有无限的“纯雕刻”的表现。罗丹能够达到这种境界的表现，可见他绝不是从视觉出发而是从触觉出发的。米开朗基罗的作品基本上是“雕刻”，而罗丹的作品则超越了“塑造”。在他的作品中，“雕塑”艺术所固有的“触感”被表现得淋漓尽致，充满了视觉冲击力。米开朗基罗以后，在学院传统的统治下，触觉的根源性表现逐渐丧失了，但罗丹使它获得了重生。

日本近代雕刻在引进西欧的学院制传统下起步，此后虽然“雕刻”被易名为“雕塑”，但在学习西方雕刻的过程中，只是拓宽了“造像术”的框架，在雕刻艺术理念上并没有发生任何变化。在受到西欧学院制影响的日本近代雕刻家眼中罗丹当然是脱离了古典主义规范的、极端的、粗糙的奇异作家。对于罗丹的作品，不能从学院制内部来评价它，必须要抽身于学院制圈外来看。最早发现罗丹作品价值的荻原守卫早先是专攻绘画的，高村光太郎也出生在被称为“佛师”的传统木雕世家。荻原发现了罗丹作品与绘画作品的差异，高村注意到了罗丹的雕塑与用小刻刀雕出的精细极致的雕刻品的区别。他们都领悟到了罗丹开创出的雕刻的“近代”。高村在他的《雕刻十要素》中写道：“雕木的秘密在于不断地研磨小刻刀，这并不是为了让它更锋利，而是为了让它成为自己新的手指。”

2. 日本雕刻的传统

刚才我们提到，把西方艺术“移植”到日本国内的最初“实验室”就是工部美术学校。但这所美术学校却在明治十六年（1883）突然停办了。取而代之的美术教育专门学校——东京美术学校在明治二十二年（1889）成立。建校前，文部省设立了图画调查委员会，任命社会有识之士为委员，商榷制定美术教育方针。委员中就有原工部美术学校的小山正太郎以及与菲诺洛萨共同致力于复兴日本传统美术的冈仓天心。他们二人之间产生了围绕着小学初等教育用具的争论即“铅笔画与毛笔画之争”。这场争论正反映了欧化主义与传统主义的对立。小山在这场争论中输给了天心，从此日本美术教育发生了翻天覆地的变化，以学习西方为主的美术教育开始向传统回归。

在这里有一个问题我们必须注意到。虽然美术界总体上是“回归传统”的趋势，但绘画与雕刻的发展过程却是不同的。我们通过前文引用的工部美术学校的规则书可以看出当时人们把绘画师叫作“雕镂师”，并把他看作“庸职贱业”。在日本的传统艺术中可以称为雕刻家的职业是“佛师”。日本的雕刻，虽在奈良、镰仓两个时代，因修建与改建东大寺这一国家项目而迎来了两次高潮，但此后逐渐失去了创造性的活力走向了衰落，堕落到了徒精于工艺的形式化窘境。光太郎这样评价：

> 日本雕刻的传统从飞鸟时代持续至镰仓时代，在最后阶段出现了精神上的衰退。到了德川幕府时期，一部分在出自佛师之手的佛坛牌位上得到了继承，另一部分在雕师刻刀下的小物件上得到发挥。虽然勉强继承下来，但在雕刻精神、艺术理念方面则消失殆尽，手工及古董趣味成为了它的全部。

虽然在绘画方面，在幕府时期，任职于诸大名府的狩野派画师们还在继承发扬着他们的流派，但雕刻却逐渐丧失了其作为艺术的传统。

高村光云在“怀古谈”中就指出，就连佛师这一职业，也在明治政府“佛神分离”的政治方针下发起的“废佛毁释”的运动中，随着佛教遭到排挤而消失得无影无踪了。在政府极端的欧化政策下，传统美术被认为是因循姑息而遭到排斥，从事这一行业的手工业者变得难以维持生计。在这种状况下，传统雕刻技术找到了自身的新出路，这就是象牙雕刻即“牙雕”。幕府到明治初期来到日本的欧美人非常喜欢“牙雕”，于是这一词的日文发音被原封不动地用在英文中，成为“坠子”一词的起源。精雕细刻的象牙雕刻工艺品惟妙惟肖地表现着中国、日本的异国风情，极大地满足了欧美人的喜好，也成为大为流行的贸易品。光云回想道：“流行是很惊人的，雕刻的世界被象牙染成了纯白。”为了满足欧美人的需求，“牙雕”由最初的坠子制作发展成大型象牙雕刻。那时说起雕刻，人们就以为是象牙雕，象牙取代了木头，象牙雕迎来了全盛期。在明治十四年（1881）的博览会上，雕刻全部都是象牙的，达到了“非象牙既非雕刻”的程度。在这种情况下，佛师从事的木雕行业陷入了“孤城落日”般的窘地，人们甚至说，只有不识时务的人才会干木雕这种行当。

但是后来随着象牙雕不断向大型化发展，市场开始需求相对容易到手的木材雕塑，木雕反而又成了抢手货。此时，佛师光云也终于接到了订购。他一直以来坚持着佛师职业的尊严，坚决拒绝从事象牙雕。但也许因为长时期制作佛像，不论光云雕什么都有佛像的感觉，他自己也感到“一定要让作品摆脱佛像的感觉变得更加写生化”。也就是说，光云在力图保持传统木雕技术的同时，吸收新时代所需要的西方现实主义的美感。于是，光云自然而然地就把目光投向了既有西方油画雕刻课程又有西方人教师的工部美术学校。虽然光云向往用油土与石膏写生实物的新技法，但由于素材过于昂贵，他决定用自己的木雕开创写实的新局面。光云在横滨买到外文报纸的插图以及广告的彩色石版画，他以这些作为参考用刻刀写实面前的实物。

后来，冈仓天心在其“欧化主义应转向传统主义”的美术教育理念下，建立了东京美术学校。他断然排除西洋美术，设置日本画科、木雕科、美术工艺科。木雕科的教授之一就是高村光云。乍一看来，这可以说是合情合理的人事安排，但从当时日本木雕的现状来看，这实在是令人难以理解。在日本美术的近代化历程中，最令接触到西洋画的人们吃惊的是几乎可以乱真的“逼真”技术。从幕府官僚高桥由一第一次看到石版画直到明治初期工部美术学校建立，日本美术界开始导入西欧传统的正规美术教育，西方美术才终于落地生根。但在这个时候却发生了一个令人震惊的事件。这就是我们在前文中已经了解到的明治十五年（1882）在龙池会举行的菲诺洛萨的讲演。这一讲演后来被人们称为“美术真说”。在这个讲演中，菲诺洛萨说构成工部美术学校的西方美术教育的根基——“逼真”技术只不过是把美术与科学混为一体的“理学一派”。他还说美术之所以为美术只是因为“妙想”，也就是重在构思。从菲诺洛萨的妙想说来看，日本画要胜于西洋画。这次讲演掀起了复兴沉寂良久的日本传统美术的潮流。我们刚才已经提到，这一复兴日本传统美术的运动，首先经历了冈仓与小山围绕着东京美术学校治学理念的争论。就是在这种欧化主义与传统主义的对立中，继承发展了狩野派传统的狩野芳崖被选为东京美术学校日本画科的教授。

但是在把视线从绘画转向雕刻时，这种逻辑就不适合了。菲诺洛萨之所以产生复兴日本传统美术的想法，与他在明治十三年（1880）在奈良方面的旅行是有关的。飞鸟天平时代的古佛给他带来了怎样的震动也是众所周知。但实际上在这个时期，曾经的优秀传统也只能在过去的历史中找寻，佛师们继承的也只是已经形式化了的雕技罢了。因此就算名义上是传统的木雕科，也不能像绘画那样可以与西方对峙。光云只能够吸收西方的“逼真”技艺来发展传统雕刻，也就是西方写实与传统雕技的结合即日西融和的方式。这种方式的“消化不良”就表现在了木雕科创立时期的人事安排上。因为通晓奈良古典美术而受到天心与菲诺洛萨信任的竹内久一，他本来也是一位知名的象牙雕刻家。还有石川光明，他也出生于宫雕师世家。光太郎回忆起自己的父亲光云时说：“当时在雕刻部任教者必须是手艺人。”在雕刻科任教的还有毕业于工部美术学校的藤田文藏、长沼守敬、加纳铁哉，但他们三人很快就辞职了。从天心在绘画方面表现出的对西方美术的彻底对抗姿态来看，他在雕刻科安排了工部学校毕业的三名教师，这一举动本身也是很令人费解的。

3. 国粹主义与现代主义

天心虽然是一个国粹主义者，但他的治学态度并非纯理想主义的，他还是考虑到了当时的美术行政中存在着的诸般问题。后来天心在看到日本画发展的新基础逐步成型后，开始允许开设西洋画学科。他甚至还大方地接受西洋画，在美术学校的讲座中他这样说道：

> 诸君应该努力遵循系统进步，在研究过去的基础上向前迈步。可以参考西洋画，但是要以己为主、以彼为客，以此图发展。

与绘画相比，雕刻的“日西融和”就成为了燃眉之急。无论天心怎样指导雕刻科的教师，实际上都是有限度的。从雕刻的本质来看，作为手艺人的教师们的技艺如何高超，对于学生来讲都不过是片面的、手艺的传习罢了。据光太郎说，当时的人们看来，雕刻就是摆设、铜像。当时从事铜像创造的都是毕业于工部美术学校的学生，他们在那里受到了把铜像技术最初传播到我国的拉格查（Vincenzo Ragasu）的熏陶。那个时期，在保护奖励国粹美术的大形式下，铜像成为显耀近代国家威信的“纪念碑”，迎来了络绎不绝的订购。

明治二十九年（1896）东京美术学校开设西洋画科，聘请来了海外归来的黑田清辉作为教授。此后在明治三十一年（1898）雕刻科增添了西洋雕塑课。助教授白井雨山在向文部省提交的建议书中说：“追求写实不只是西洋雕刻，我国的雕刻现在也形成了这样的趋势。”当时普通的人们也开始具备了精细的观察能力，已经不能满足于非写实的、幼稚手法的表现了。但是写实也并非美术的真意。美术有“各国特殊之趣味”，这才是美术最可贵的地方。但当时白井还是认为：

> 我国雕刻要与世界共同进步，必须学习写生。而且写生一定要用黏土，这样才能使雕刻教育趋向完善。如此重大的事情美术学校仍然等闲视之，实为雕刻教育的一大缺陷。希望务必尽快实行之。

白井指出，在探求“各国特殊之趣味”或是“传统美”以前，近代日本雕刻面临的最重要的课题是“写实”。

明治四十年（1907）由新进木雕作家组成的“日本雕刻会”，力图用木雕来表现“各国特殊之趣味”。平栉天中是这样回忆当时的情形的：

> 是天心老师的煞费苦心，使得日本木雕会得以成立。第一次展览结束后，老师叫来了高村光云对他说，在绘画方面由于多年的努力终于有了一定规模，现在该是振兴木雕的时候了。高村把老师的这番话告诉了山崎朝云、米原云海。

天心很可能一直都在等待传统雕刻接受写实技术的时机成熟。也许他这时意识到了，木雕这种传统技术终于能够自由地表现东方的、日本的题材了。

会员们的创作涉及了非常广泛的题材，比如说中国故事、佛教传说、日本神话、中世纪物语以及历史上的人物。但这些题材只是把文学趣味形象化了，并没有发展雕刻特有的造型性。

当时不只是以发扬日本趣味为目的的传统雕刻领域被这种“题材主义”所限制。光太郎这样回忆他最初的创作：

> 那是一个无论在生理上还是心理上都觉醒了的时代。那时

> 我非常文学化地构思雕刻，在实际创作上无论是动物还是佛像、人物、各种各样的东西，都是在这种观念下创作的。

我们知道，当时光太郎还曾向杂志《明星》投稿自己创作的诗歌，由此可见他有如上的想法也是理所当然的。光太郎直到晚年都在美术与文学的两个领域继续着自己旺盛的创作活动。虽不能断言光太郎最初就是一个文学青年，但他后来往返于两个领域的意识是与我们的想像所不同的。

他在《自己与诗的关系》一文中这样写道：

> 无论怎么说，我都是一个雕刻家。雕刻存在于我的血液中。我的雕刻好或不好都不能改变我是一个雕刻家的宿命。但这个雕刻家也写诗。这到底意味着什么？曾经，一位长辈让我不要再写诗了。他的忠告是，与其把时间与精力花在诗上，还不如用在雕刻上，这样才能尽快地成为一流的雕刻家。但我仍旧没有停止诗的创作。之所以这样，是因为我是为了维护自己的雕刻才写诗的。为了让我的雕刻至纯、不夹杂任何其他分子，让雕刻从文学中独立出来，我才写诗。

对于光太郎来说，写诗或短歌的这种行为就像是一个“保险栓”，它把自己胸中作为诗人的能量释放出来，以此来保证在客观造型世界的“纯雕刻家”的姿态。光太郎的雕刻道路是从父亲光云亲传的木雕开始的，而后在美术学校的雕刻科掌握了西方雕刻的技艺。但我们可以说，在他意识中，完全没有工部美术学校开创的西方正统学院式雕塑与日本传统雕刻的区别。光太郎追求的只是“雕刻”或“雕塑”。也许我们可以认为，正是与罗丹的相遇才激发光太郎产生了这样的追求。

罗丹称自己是“自然主义者”。而在光太郎的诗歌及评论中，也经常出现“自然”这个词，仔细品味这个词可以发现，它体现出光太郎受到罗丹作品的感染并产生了共鸣。光太郎还进一步解释了罗丹的“自然”：

> 他不可能是文艺上所说的自然主义者。他想说自己是更为朴素、而且更为大乘式的、顺其自然的人。但是，他与自然的关系要比顺其自然更为紧密。他是最为进入自然内部的人。完全是造化的产物。(《奥古斯特·罗丹》)

也就是说，光太郎把罗丹看作“自然”的理法创造出的艺术家。这个自然所创造的艺术家的理想，其实就是当时给人们带来了极大冲击的《绿色的太阳》。对于依照自己内部的自然来创造的艺术家的自由，光太郎是这样表现的：

> 我在追求艺术界绝对的自由。因此，我要承认艺术家的Persoenlichkeit有着无限的权威。在所有的意味上，我都愿意把艺术家当作唯一的个人。并想以这个Persoenlichkeit为出发点把其作品Schaetzen。

如果把光太郎所说的Persoenlichkeit译成人格或是人生，那么他的思想就完全与“白桦派”的人本主义艺术观完全吻合。白桦派对罗丹也是很狂热的。可以说正是“白桦派”文人们齐心合力的宣传，罗丹的艺术才得以为世人所知。在这里我们引用一段刊登在《白桦》罗丹特刊里的文字——柳宗悦的《作为宗教家的罗丹》。在这篇文章中柳宗悦说：

> 所有伟大的艺术都不能脱离人生而存在。罗丹的作品与其自身的人生是紧密相关的。他绝不只是技巧家。他的作品总是与深远的人生要求相关联。把他的人生从他的雕刻中排除掉的话只会剩下冰冷的石块。他的苦心始终集中在人生上。他的艺术随处都提出大问题并给予回答。恐怕现代能像罗丹一样在自然中畅想的人寥寥无几。他的艺术是从他个人的人格规范中涌现出来的。

这篇评论的核心是，从艺术家的绝对自由的观点来看，就算画出《绿色的太阳》也完全没有关系。它是对地方色的否定，这篇评论被认为是日本的“后期印象派宣言”。光太郎把 Local Color 译成“地方色”，从而阐明了自己作为艺术家的立场。他说：

> 我创作时的心理只是作为一个人的存在。也没有什么日本之类的想法。根据自己的所想、所看、所感随意的创作。过后看来，作品也许是日本式的、也许不是日本式的。

日本人创造的东西，就算不刻意让其日本式，结果也是日本式的。光太郎接着说：“无论怎样随心所欲，我死了以后留下的就只是非日本人所不能的作品。”

他要冲破了单纯模仿的欧化主义和反其道而行的、倡导回归传统的国粹主义，重新为艺术定位。我们可以看到作为一个现代主义者的光太郎。在这个时期，真正理解现代主义本质的艺术家，也就是当之无愧的国际性艺术家能有几人呢？光太郎在这篇评论中举出了追求艺术日本化的菱田春草与黑田清辉，可见其评论原本是作为绘画论写成的。

下面让我们来详细地看一看，光太郎在这样的艺术观的基础上构建的雕刻论又是怎样的。

4. 触觉世界

光太郎说：“雕刻的本性在于立体感。”但是在读一般的雕刻论时，总让人感到意犹未尽的是，无论是创作者还是美术史学家，能够冲破“立体感”或是“量感”来说明雕刻本质的人很少。光太郎在哀悼与自己一样崇拜罗丹的雕塑家荻原守卫的英年早逝时说：“他才是肩负着日本雕塑未来的作家。”大概谁都不会否认，荻原守卫是真正理解罗丹的追求，并能通过自己的作品把它表现出来的第一人。他的雕刻理论后来被归纳成为《雕刻真髓》，但他在这里面论述的并没有超越作家的体验与反省。与他相比，光太郎却不只是一个雕塑家，他还是一个理论家。

光太郎在昭和十七年（1942）把他写过的评论随笔整理为一篇“造型小论”，并把此文与“素材与造型”、“现代的雕刻”、“印象主义的思想与艺术”这几篇归纳为《造型美术》出版。他在这部著作中反复论述了雕刻论。这部著作可以说是在同时代的雕刻论中最有价值的一篇。

光太郎认为雕刻源自我们的本性，是“源自本能的欲求”，是“可以用手触摸得到的”。那种来自原始本质的喜悦演变成“真实地存在于眼前的绝对的优势”，给我们带来巨大的精神亢奋。这些都是立足于“立体感”的雕刻的本质，所有的雕刻都以此为中心。换而言之，凡是缺乏立体感的雕刻都不是真正的雕刻。光太郎曾这样说：

> 布袋店里摆着的柑橘、苹果的着色象牙雕，无论其有多么巧妙都不算是雕刻。出自名人松本喜三郎之手的酷似岩本半四郎的入浴女塑像，无论怎样写实也不是雕刻。众多的学院派创作的大理石像、石膏像也有很多不是雕刻。

光太郎还说：

> 存在本身是关键，至于它是什么，表现什么都是次要的。也正是因为这个理由，雕刻的照片不能反映作品的真实，照片只能反映作品的状况。它错误地传达作品最为重要的部分。所以，好的雕刻被照得不好、不好的雕刻却被照得很好的情况随处可见。

光太郎始终在强调的是“雕刻性”、“雕刻的真实感”。光太郎在“关于雕刻”的一文中说到，在上古时代最为典型的古石墓所体现的巨石崇拜思想中，已经可以看到雕刻性的萌芽了。他说：“我认为人类对雕刻的根本要求，并非对物体的再现，而是在于表现物体的力学性抽象美。”

但如果我们是用眼睛的话，我们怎样才能感知到雕刻作品的真实呢？光太郎认为“能实实在在地抓在手中”并“实实在在地存在着”的感觉就是触觉。西方始终认为只有视觉和听觉才是高级感觉，才与艺术相关。是赫尔德把“雕塑（Plastik）”正面地规定为触觉的艺术。而一般人们容易认为雕塑、雕刻是依靠视觉的立体艺术。但雕刻的视觉与绘画的视觉不同，它是“触觉的视觉”，是可以还原为触觉的感觉。当人们站在雕塑旁边时，如果眼前没有“禁止触摸”的警告，恐怕谁都会情不自禁地触摸它。

光太郎认为，如果立体作品的终极目的是对物体的视觉再现，那么立体作品也不过就是模型。他指出：“雕刻是一种人类特有的技术，它让人们沉湎于眼睛看到的世界的内部以及充盈于内部的力学本质。”赫尔德说，雕刻追求的不是视觉能捕捉到的“包裹着外部的东西”、而是只有触觉才能感知到的“在内部充盈着的东西”，也就是“美丽的充实”。这内部能量的自然流出就是光太郎所说的“生命”，这才是雕刻的“状态”，也可以说是“动态”，是它赋予了作品有机的统一感。雕刻的表现是“如山川、如河流般的流动”。这可以理解成这样一种景象，水从山谷间涌出，在平地自然地形成了河流。

我们虽然无法找到光太郎直接言及赫尔德的文章，以此来证实他知道赫尔德的古典著作，但我们可以感觉到他提出的“触觉世界”的思想里明显有赫尔德雕刻观的影子。

而且以光太郎的博识与非凡的语言天分，他是不可能错过赫尔德的著作的。光太郎在《触知》这篇诗中这样写道：

一个男人把手伸进了耶稣的怀中，
触摸到两处创痕。
一个顽固的雕刻家，
用自己的手指触摸万象。
截断水流张望它的内部，
割开天宇试着把头钻进去。
真实地触摸到你以后，
才第一次知道什么才是你。

这个可以算是“触觉人”的光太郎，在《触觉世界》这篇评论中，把自己的见解毫无保留地表现了出来。在文章的开头，光太郎就直接地表现出自己的看法：

> 我是一个雕刻家。也许是因为这个，对我来说这个世界是触觉的。虽然触觉被说成是最幼稚的感觉，但因此也可以说是最具有根源性的感觉。这样一来雕刻就是最具有根源性的艺术。

光太郎还从自己的具体感受出发说明触觉是怎样的敏锐。他的食指肚接触到玻璃时，能感觉到像“桐木屐的木纹”般的纹理。抛光后的镜面虽不至于此，“但指肚滑过不足五寸长的面积时也会感到两个起伏的存在”，这种波动的感觉有如船平稳的起伏，甚至能感到一种舒服的眩晕。光太郎说：“都说有五官，我却感觉不到五官的界限。”他企图把视觉、嗅觉、味觉都还原到触觉的根源性。他甚至还说：“人们说天空是蓝色的。但我也可以这样说，天空是细腻的。人们说秋天的云是白的。毫无疑问它是白的，但同时它还具有公孙树木纹的光泽，它与有着丝柏板的纹理的春天的绵云完全不同。”他的这番话完全是触觉人的生动写照。

人们都知道，光太郎不仅是个音乐迷而且也会弹奏乐器。他说听音乐时是用全身来听，音乐打动的是自己的全部。也就是说，现场奏出的音乐纵横而来，缠绕着、震撼着全身。从纯音乐的角度来看，也许会觉得有些亵渎的感觉，光太郎认为音乐的感动不只是唯心的，他说自己沉醉于音乐的感觉有时如同沉醉于性的感觉。这不禁让人想起托尔斯泰的小说《kreitserova sonata》。光太郎认为既然嗅觉是鼻腔黏膜的触觉，所以可以用联想性以外的形容词，类如“厚重的气味、粗糙的气味、光滑的气味、粘呼呼的气味、嚼舌的气味、屹立着的气味、烫人的气味”。光太郎拓宽了味觉的范围，他这样说：“印度人用手指来品尝咖喱饭，爱吃荞麦面的人是用喉咙来品尝的，不用筷子吃寿司的也大有人在。”光太郎的结论是：

"既然说五官是相通的，那么就可以把五官都归总到触觉。"

从光太郎的"触觉根源性"理论，可以追溯到赫尔德的"雕塑论"（注2）。赫尔德以"Begriff 概念"为例说明"理解事物"其实是"抓住事物"。赫尔德说：

> 儿童虽然幼小但也是可以感知事物的，如果你进入他们的房间可以发现，他们用手脚，抓、握、触摸东西，称东西的重量、量它的尺寸，不停地用身体来掌握立体、形状、大小、面积、距离这类最初很难教会他们的概念。虽然用语言与说教不能让孩子掌握这些概念，但亲身经历的经验可以让他们掌握。用语言说明恐怕要花一万年的概念，孩子们却在瞬间就掌握了，而且是更加生动、更加准确地掌握了。

赫尔德说孩子们的游艺室可以说是"数学、物理学教学法最初的博物馆"。

赫尔德从狄德罗的"盲人论"出发，企图证实视觉只能让人们认知平面。眼睛突然能够看见东西了的盲人，世界会怎样映在他的眼中呢？他的视觉恐怕不会让他识别出任何他曾经用触觉感知到的事物。可以说，在他的眼前出现的是一个大插图。他一定花了很长时间才让眼睛识别触觉，把空间的图形看作立体感觉的文字，结合图形与文字来认识周围的事物。对于曾经的他来说，画只是色彩混合的平面。

就像俳人一茶在俳句中描写的"哭着要人给他拿来月亮"一样，赫尔德说："婴儿眼中天空、摇篮、月亮、乳母都是平行的，他像要乳母般地把手伸向月亮。对于婴儿来说，眼前所有的事物都是一张纸上的像。"婴儿通过触摸周围的东西，而不断地把视觉与触觉联系到一起。有一天他终于可以迅速地理解视觉赋予他的、符号性质的世界。这时也就失去了作为感觉基础的触觉的意识，视觉取而代之。但无论是赫尔德还是光太郎，他们都认为真实只存在于触觉。人类对世界的理解，首先是从感知周围的世界开始的。证实这一真实的人就是雕刻家，而雕刻家的创作被光太郎称作"雕刻性质的世界观”。所以可以说，雕刻不是模仿什么其他艺术，而是作为其本身存在的艺术。

5. 雕刻的近代

在前文中我们提到光太郎在罗丹的作品中得到启发，开始从“触觉性”出发认识雕刻的本质。但让罗丹的艺术为世人所知的却不是光太郎，而是《白桦》编辑者们的共同努力。明治四十三年(1910)，为纪念罗丹诞辰70周年发行的《白桦》特别号（第一卷第八号）把“罗丹热潮”推向了高潮。这个特别号刊登了罗丹的亲笔信和十多个代表作的照片，开篇是里见弴写的罗丹小传，还有杂志的编辑者们和学界、文学界、美术界的专家们写的随笔、评论，另外还有英法德等国研究罗丹的最新情况。明治四十三年(1910)，光太郎回国后不久，在杂志《昴》上发表了《绿色的太阳》。转年，光太郎翻译了《罗丹的语言》，还写了罗丹的评传。他在特集号上的投稿不是评论性质的而是随想性质的。此时光太郎认为“罗丹的作品是应该看，而不是应该批判的”。

这个特集号有一个“关于罗丹的德国文献”的栏目，这个栏目是由儿岛喜久雄负责编辑的。在这个栏目中有一篇耐人寻味的论文，它就是波恩大学教授、鲍尔·克莱曼的《罗丹与希尔德布兰德》(注3)。这篇文章曾于1903年春发表在德国《大众艺术》(*Kunst Fur Alle*）杂志上。

希尔德布兰德（Adolf Hidebrana）与艺术学者康拉德·费德勒(Konrad Fiedler）交往颇深，并受到了他思想的影响，是一位新古典主义的雕刻家。他把自己的创作经验与思想相结合，写成了《关于造型艺术的形式问题》这部艺术学著作。因为这部著作是继赫尔德之后的首部从雕刻家的角度论述触觉的著作，所以受到了学界的广泛瞩目。到了1901年，又有一部论述艺术触觉性问题的著作问世了。它就是李格尔（Riegl Alois）的《后期罗马时代的工艺》。但是在这部著作中论述的触觉性问题都不是根源性的，而是与视觉有关的。从儿岛引用的克莱曼的论文来看，儿岛对希尔德布兰德的雕刻论的评价是消极的。

希尔德布兰德的雕刻论，并非罗丹式的触觉性雕刻，他把雕刻看作视觉的统一体。正是它启示了形式主义的雕刻的本质。看他的作品就会感到，他很重视雕刻整体的统一。雕琢原本就具有空间感的石材，这种创作方式本身就与从触觉出发、逐步接近视觉形式的黏土塑造是相反的。希尔德布兰德虽然是与罗丹同时代的雕刻家，但在这个时期的日本，不只是《白桦》的编辑者们，就是光太郎对他也没产生任何兴趣。

罗丹在大正六年（1917）去世后，转年一月《白桦》发了罗丹追悼号。在追悼号的附录上，刊登了光太郎翻译的《罗丹的语言》。他最初翻译这篇文章是在大正四年（1915）。从这一时期开始，他发表了越来越多的罗丹艺术评论。其集大成的评论收集在昭和二年（1927）出版的《阿尔斯美术业书之24》中的《奥古斯特·罗丹》。在转年的昭和三年（1928）在前文中举出的诗歌《触觉》以及评论《触觉的世界》相继发表。在这个时期，光太郎终于开始全面论述其对罗丹的整体了解，可以说他已经超越了无条件地崇拜与赞美罗丹的阶段。同一时期，与罗丹的雕刻观相对立的希尔德布兰德的雕刻观，也出现在光太郎的雕刻论中。最为典型的就是刊登在昭和八年（1933）出版的岩波讲座、《世界文学之6》上的《现代之雕刻》。

此时的光太郎终于开始公然批判他曾经崇拜的罗丹的作品了。他引用罗丹的话：“美的一片即是美的全体”，然后说明道：“罗丹天赋的手指所触摸的东西，无论是一块黏土还是一颗石屑，他都会赋予它们生命。他认为这才是雕刻的奥义。哪怕是一根手指或是肢体的各部分其实都是整体的雕刻。但是，‘全量等于各部分的量的和’这一几何学公理并不能适用于艺术。”虽然罗丹被普遍认为缺乏构图能力，但光太郎认为这恰恰是由于他在这方面能力过剩的原因。“罗丹的失败不是因为其欠缺，而是因为其过剩。这生命的过剩，让他只偏爱生命，这逐渐引起了雕刻界的批判与反省。”光太郎已经不再是罗丹一边倒了。他开始批判地看现代的雕刻潮流了。

也是在这个时期光太郎开始重新认识与罗丹相对立的希尔德布兰德应占的位置。他说：“罗丹的生命本位与希尔德布兰德的形式本位。这两个极端保持平衡的地方正是雕刻最值得深思的部分。”光太郎认为希尔德布兰德的价值主要在“造型艺术的形式问题上”，虽然其作品有被轻视的现象，但实际上，他也并不是完全根据理论来雕刻的。理论是他雕刻经验的证明与考察的记录。他在技艺上也是高超的，甚至可以说他是德国历史上最优秀的雕刻家。

希尔德布兰德指出，在雕刻成立的过程中，存在两种视觉活动。一种是从远处第一眼看到对象时，对象的远像是呈现在一个平面上的统一体的视觉表象。另一种是在逐渐接近对象时，随着时间的经过、不断地运动的眼睛像触觉一般地观察对象的运动表象。雕刻家虽然根据这个运动表象来制作，但最终必须让作品具有作为远像的统一形式，对于雕刻来讲，把握这个空间统一形式的整体才是最重要的。雕刻家的课题就是把现实的“存在形式”转化为视觉假象的“作用形式”，对呈现在眼前的空间、形状的作用进行现实性的处理。这才是雕刻艺术的全部。

光太郎这样评价希尔德布兰德：

> 他把在罗丹的坏影响下被蹂躏的雕刻，重新领回形式的阶段，并使它发展得更为健全。他的雕刻所具有的古典形式的生命力，以及完美的比例、温雅的裁断、健康的表现与环境附属物完全调和。这些都显示出他所为一个非凡技艺家的天赋。

光太郎认为这位德国雕刻家的继承人之一就是法国雕刻家麦约（Aristide Maillol）。他说：“罗丹、希尔德布兰德，他们递过来了现代雕刻最有意义的接力棒，忽视这两个源流是无法弄清现代雕塑的由来的。”光太郎所说的“现代雕刻”的“现代”的范围，从时代上来说，是从罗丹及布德尔（Antoine Bourdelle）逝世后到光太郎的评论写成的1933年。光太郎还这样评价布德尔：“在雕刻技法的具象性上，布德尔的本质可以说与罗丹是相似的。他也是独自历练出独特的巨匠实力，也堪称一位古今罕见的强手。"

对于这些巨匠逝世后的现代雕刻的动向，光太郎是这样看的："从远距离来观察，可以发现罗丹的生命主义与希尔德布兰德的形式主义的两股源流汇合在了一起。"具体地说就是：

> 有些人并不反抗罗丹的影响，只是默默地致力于变革个人的天性，也有些人把雕刻的纯粹性蒸发成形式的问题，在另一个意识领域尝试雕刻的变革。这就是继承希尔德布兰德的理性主义、形式主义的一派，具体地说就是布朗库西（Constantin Brancusi）、阿鲁其芬柯（Alexander Porfir'evich Archipenko）、荔浦西兹（Jacques Lipchitz）等人代表的立体派、抽象派。

光太郎还强调，从野兽派运动中产生的原始趣味与形式主义相结合，对奥西撒丁（Ossip Zadkine）、奥尔洛夫（Orlov）、巴尔拉发（Ernst Barlach）也产生了很大的影响。

里德（Herbert Edward Read）在《近代雕刻史》中论述现代雕刻的发展是在1964年，而在此之前光太郎就以其先驱的眼光进行了论述，这实在是让人惊叹的。里德在序章中说，罗丹是伟大的雕刻家但并不是近代雕刻的创始人，而光太郎也是这样认为的。他说："毫无疑问罗丹是文艺复兴以后的少有的奇才雕刻家，他用他的巨腕击醒了沉睡已久的雕刻精神。"罗丹同时也击醒了出生在雕刻世家的光太郎。罗丹成就的是雕刻的文艺复兴。在西欧存在着古希腊、罗马的雕刻传统，而在日本存在着天平雕刻的传统。在被罗丹击醒之前，光太郎认为两者的差异，用他自己的话来说只是"铜像与摆设"的不同。

本章的题目虽然是"罗丹与近代雕塑"，光太郎与罗丹相遇后觉醒的并不是"近代"雕刻，而是"什么是雕刻"这个本质性问题，即雕刻的"精神"。光太郎重新认识的"雕刻的世界观"与他对于"雕刻近代"的理解是两回事。在《素材与造型》这篇文章中，我们可以看到光太郎作为一个雕刻家的本质。他这样写道：

造像之理中的雕刻一面主义过于观念化。雕刻是可以很随便地放在什么地方的。应该加强雕刻量块的关系。……雕刻是量的世界，是能够把握这个世界上所有的量的均衡比例并把它创造出来的唯一艺术。雕刻家通过触觉感知一切。

第四章　子规的写实主义
——“风流随处有”

在俳句与短歌代表的日本传统诗歌世界，一个名叫“正冈子规”的俳人第一个步入了近代。他的俳句创作是在友人、画家浅井忠与中村不折的影响下步入近代的。这种影响具体地说就是“写生”、“Realism”。人们最初从各个角度把“Realism”这个词翻译成“写实主义”、“现实主义”、“实在论”等几个译语。在欧洲，最初把它作为自己的艺术观点提出来的人物是19世纪的法国画家库尔伯（Qustave Courbet）。西欧的Realism传统可以追溯到古希腊，在古希腊画家宙克西斯（Zeuxis）与帕尔哈西奥斯（Parrhasios）互相比试本领的故事中就可以看到它。这个故事的插图也出现在西洋画风的先驱画家司马江汉的著作中，子规也曾多次提到过这本著作。两位古希腊画家较量的其实就是谁画得更接近自然界的实物，也就是“模仿自然”的技巧。

如果要比试接近真实的话，恐怕什么作品也比不过巴黎杜沙夫人（Madame Tussaud）蜡像馆的蜡人，或者是近年来在展览会上广受好评的、松本喜三郎创作的可以乱真的玩偶。这些“活生生的”作品确实令人惊叹，但谁都不会认为这是艺术的感动。这是因为艺术所追求的不是“活生生的”表现，而是“活灵活现的”表现。不单纯是美术，文学、音乐等各种艺术形式都追求“活灵活现的”表现。

子规曾经说：“如果我会作画恐怕就不会写俳句了。”（《蟾蜍和百合》第三卷第五号、书篇）虽然不知道这究竟是不是子规的肺腑之言，但他确实从小就喜欢画画，还曾一心临摹过北斋的画作。甚至临终之前在病榻上还用生动的笔触写生时令瓜果、花草。

他曾说：

> 用这种或那种颜色画花草时，如果得不到想要的颜色，就尝试其他的颜色。这样红色有了各种表情，可以是暗暗的红色，也可以是带着黄晕的红色，这才是写生的一个乐趣。恐怕造物主也是这样琢磨如何给草木上色并享受这个过程的吧。(《六尺病床》)

原本子规就喜欢画画，但他在开始的阶段并没有提倡“写生”。他开始积极倡导“写生”是在通过他的上司陆蝎南结识了画家浅井忠与浅井的弟子中村不折之后。子规与他们相识不久后双方就展开了对画论的争论。他这样回忆道：

> 余初识不折君是明治二十七（1894）年三月，地点是神田淡路町小日本报社的楼上。余任职小日本报社之际，深感与真正作家相遇之难。当时美校学生亦不能满足余之要求。除浮世绘画工，世上皆无堪称画工者。此时浅井君介绍中折君与余相识。(中略)
>
> 但余仍对中折君存有不满之处，皆因不折君乃西洋画家，而当时余乃日本画之顽固崇拜者。虽不至于排斥不折君为报刊所绘插图，但始终向其主张余坚决反对油画丧失情趣之处。因此每逢与中折君相遇听其画论之时，必发明攻击其画论之方法。在与其争论中逐渐发现与余专攻之俳句有一致之处。半年后深感养成观画之眼。(《墨汁一滴》篇)

在这里我们有必要回忆一下，子规经历的明治时代的艺术状况。在明治政府高呼的“文明开化”的口号下，日本开始了极端的欧化风潮，被认为是因循守旧的传统文化遭到了彻底的否定。就算当时被誉为“狩野派二神足”的桥本雅邦与狩野芳崖都不能再以绘师来维持生计，最终沦落到刻三弦的拨子，甚至摆地摊以三毛两角的价钱出售自己的作品。

正冈子规

当时高桥由一的西洋风格画作为文明开化的象征风行一时。当时人们最为趋之若鹜的是被誉为“逼真之技”的、与实物一模一样的西方写实主义表现。为了彻底导入正规的西方美术系统，实施正统的西方油画教育，日本第一所国立美术学校——“工部美术学校”建成了。进入这所学校求学的有小山正太郎以及与子规交往颇深的浅井忠等人。但这所学校不久因为教授候选人的问题发生内讧，最终导致停办。在这次骚乱中联袂退学的学生们后来成立了油画研究会、十一字会（后也称“不同舍”），这一组织后来发展成日本最初的油画团体“明治美术会”。

同一时期，在文学界最早关注西方写实主义的是东京专门学校的教授坪内逍遥。逍遥在自己的著作《小说神髓》中指出马琴、春水的作品如果用国际标准来衡量的话，根本算不上“文学”，今后必须要从“按照实物原样描写”的“写实”的立场出发。在福泽谕吉倡导的“脱亚入欧”口号下，近代主义变成了全盘的欧化主义。以艺术的近代化为目标的绘画与文学，脱离了几百年的传统艺术世界，成了名副其实的“无根之草”。

子规在读了逍遥的《当世书生气质》后，对这本书产生了强烈的共鸣，并因此决意要创作小说。子规在写了《月都》这部作品后，拿到幸田露伴那里请其过目。由于幸田的评价实在是不高，所以子规很快就丧失了从事小说创作的热情。从此子规开始转向传统的短诗型文学，也就是俳句与诗歌的世界谋求发展。这也许是受了陆羯南、志贺重昂等人思想的影响，或者是这一时期的国粹主义风潮的影响。

子规从学生时代开始，就对探讨艺术是什么的西方审美哲学抱有强烈的兴趣。在前面我们曾经提过，日本最早的美学著作是中江笃介翻译、文部省编辑局出版的《维氏美学》。在这部著作出版以前，还有一部可以算是美学著作的、菊池大麓翻译的《修辞及华文（美文学)》。我们现在无法考证子规是否读过这两部译著，但可以准确地考证出他确实曾经接触到了外国的美学与文学论，比如说斯宾塞（Spencer）的问题论。斯宾塞的“最简单之文章乃最高之文章”的思想支持着子规后来的艺术观。在这一时期，森鸥外翻译的哈特曼美学思想发表在《栅草纸》上，从此美学、审美学这一科学终于开始被人们所知。虽然子规没能完整地读完哈特曼的德文原文，但读过他的《俳谐大要》的人都会发现他对审美哲学有着较深的理解。在明治三十五年（1902）子规去世的那年，在病危时他还读了森鸥外翻译的哈特曼的《美学纲领》，并在《病床六尺》一文中写下这样的书评：“这样简明扼要、条理清楚的文章世间少有，令人心情舒畅。”他还说：

> 俳句是文学之一部、美术之一部。美之标准为文学之标准、文学之标准为俳句之标准。绘画、雕刻、音乐、戏剧、诗歌皆可以同一标准评价。
>
> 美之标准存于个人之感情、而个人之感情各有不同，故美之标准也各有不同。即使同一个人，不同时候感情也不同，故同一人美之标准随时而异。(中略)
>
> 比较个人之美之标准，虽大同中存小异，但归纳种种事实可发现，在全体上基本是向同一方向不断发展的。(中略）此方向可称为先天性美之标准，也可称为概括性美之标准。

从子规以上的见解来看，可以发现他并非像井底之蛙一样，把自己封闭在只有日本人才可以理解的传统世界里。他的俳句创作视野是有普遍性的，他把俳句看作敞开的“美术（这个词当时被作为‘艺术’来使用)”来创作。他把自己的理论写在《论我国短片韵文兴起之所以》一文中。另一方面，子规也能够巧妙地利用在近代化与欧洲化的时代也依然存在的、特殊传统的“制度”。这个制度维系着皇族宫中的“桂圆流御歌所派”的权威。

从子规与生俱来的素质来看，他究竟是俳人还是歌人呢？可以说他是二者兼而有之。子规的俳论与歌论所共通的就是写实主义，即“写生”的思想。他的诗论从攻击月并宗匠俳句的俳论开始，最后发展成可以与《颂歌之书》相比的对古今集和纪贯之的彻底批判。他说纪贯之是蹩脚的诗人，古今集是拙劣的诗集。他对御歌所传统权威的挑战，实际上可以看成把俳论与歌论相提并论的巧妙战略。虽然有些言过其实，但凭此子规把遭到普遍轻视的俳句与和歌相提并论，并赋予其“传统艺术”的地位。（俳句曾被桑园武夫贬斥为“第二艺术”，被八公、熊公命名为“平民艺术”。）子规在《和歌与俳句的调和》一文中这样说道：

> 从意匠的角度上讲，没有什么比本邦的和歌更缺少意匠的了。从语言上讲，没有什么比普通的俳句的语言更卑俗的了。（中略）改良的第一步必须要谋求和歌与俳句的调和。要谋求二者的调和，首先就要用和歌的语言表现俳句的意匠。（中略）简而言之，就是创造出31个字的高尚的俳句。

在前面我们提到，逍遥提倡的“小说的近代化”就是从写实主义出发，彻底放弃日本传统的戏作文学世界。在这场近代化运动的最初阶段，外山正一倡导“言文一致”的新体诗，力图把新体诗与韵文、散文相匹敌。这一运动后来被《文学界》、《明星》等刊物的年轻一代的文学者们所继承。他们的一个大胆尝试就是对英国诗人拜伦的《曼弗雷德》的改编、即北村透谷创造的《蓬莱曲》。不过这个改编并没有成功，《蓬莱曲》成了一个失败之作。但就是在这样不断的实践、失败的过程中，象征着明治浪漫主义的岛崎藤村的《苦菜集》诞生了。

虽然子规对于那时的日本韵文不屑一顾，甚至把近松门左卫门的道行文叫作“阿呆陀罗经”，但对于俳句和短歌这样的短篇定型诗他却表现出异常的关注。这也许是由于子规作为诗人的感性，或是他的直观。子规从绘画中获得了“写生论”的灵感，把它作为一剂“强身剂”注入死气沉沉的短诗型文学，使它顿时焕然一新，脱胎换骨变为了“近代诗歌”。

后来，子规结识了明星派诗人的代表人物与谢野铁干与谢野晶子。由于他们都抱有“诗文学近代化”的理想，所以联合起来共同反抗御歌所的传统权威。就在这种反抗即将迎来胜利的时候，他们彼此之间的内部矛盾却愈演愈烈。尽管明星派诗人理解自身倡导的浪漫主义与子规倡导的写实主义有一定的区别，但子规的巨变还是令他们吃了一惊。

在浪漫主义文学向“自由律现代诗”发展的过程中，至少在表面上，子规仍然坚持创作定形诗的俳句。但他仍然不放弃地追求俳句的近代化，力图把俳句提高到真正的艺术的境地。秉承子规衣钵的两个弟子高浜虚子与河东碧梧桐各自所具有的两种截然不同的风格也表现了子规内心的传统与革新的矛盾。因此我们可以说，子规对日本诗歌近代化的追求毕竟只是拘泥于内部的改革。在前文中提到的倡导日本绘画近代化的冈仓天心与子规就不同了。冈仓天心从法国导入最新的外光派色彩表现，以此推动日本画步入近代。但在他的积极尝试下诞生的横山大观、菱田春草创作出的以色彩为主的没骨体表现，却被当时从东方画的线描传统出发的评论界嘲笑为没有清晰形象的怪物、“朦胧体”。

子规对月并宗匠俳句的批判，概括地说就是指出他的俳句过于注重技巧而显得“矫揉造作”。为了避免矫揉造作的毛病，子规提出要直接学习自然。虽然子规说自己最早是厌恶西洋画的，但在与中村不折相识后，通过与中村的围绕着画论的争论，他开始逐渐对西洋画的“写生”产生了兴趣。他说，就像画家拿着素描本外出一样，自己也学着拿着笔记本到外面去，在所见所闻中灵感闪现的瞬间，马上记下心头涌现的俳句，然后慢慢品味其中的趣味。

那么，子规通过西洋画了解到的“写生”究竟是怎样的呢？他提出，早在几百年前日本的绘画界就已经出现“写生”的争论了。他指的应该是司马江汉、秋田兰画等人的争论。无论是西洋画还是日本画，其实都离不开写生。日本的绘画界也是从某一个时期开始出现了一个奇妙的转变，从此开始逐渐脱离写生。东山时期的水墨画就是如此，画中的鱼让人无法分辨出是鲶鱼还是鲤鱼，多数都是近似于符号的绘画。此后出现了对这一时期绘画的反省，比如说光林的“没骨画”，由于他只以花草为题，所以算不上是完全的写生。继承光林的应举、吴春一派创造了轮廓写生，子规是这样评价它的：

> 整体上就是一味地追求轮廓，在这个局限性下，最终弄成了理论式的写生。比如说画鲤鱼，一定要把三十六片鳞一片一片清晰地画上去，以前东山时代的鲶鱼也许是不够真实的，但这种计算鳞片的做法也太奇怪了。
>
> 西方油画的写生技法流入到日本后，日本画坛的写生技法逐渐酝酿成熟。这种写生是感情的写生（不同于理论的写生），因为是根据所感而表现，所以不会去画三十六片鳞片。但同时它也不像东山时代那样把鳞片作为大点，来表现出如符号一般的实物，而是本着实物去表现，继承“没骨画”的技法，用色彩来代替轮廓，勾勒出自然的形状。颜料是唯一的工具。这些作品基本上都是写生的。对于排斥颜料的日本人来说，这是无法想像的。当时的日本人虽然把写生一词挂在嘴边，但对写生抱有偏见的也不乏其人。(《杜鹃》第二卷第三号《写生与写实》)

在这里我们关注的是，子规所强调“感情的写生”与“理论的写生”的对立。他说的“感情的写生”究竟是什么呢？子规认为它就是“根据所感”来画。子规最初着迷于写生是因为本着写生的原则创作俳句时，不会主观地扭曲眼前的自然，而是客观地去描写，在这个过程中往往会创作出独具魅力的句子。这些句子与他从前写的平庸的俳句完全不同。但他最终也意识到，就是“怎么看怎么画”也依然会把客观的自然主观化。

在这一时期西方绘画界也有一位画家注意到了这个问题，它就是法国画家塞尚。塞尚喜欢用“素材”这个词。他认为这个词的意思是发现美的世界并把它发掘出来。对塞尚来说，艺术就是在感动中捕捉自然，并用颜料和画笔，在画布上把它表现出来。塞尚把这个过程叫作“实现”。当然在这个时期日本还没有人知道塞尚这个画家。但不可思议的是日本和法国的两位艺术家虽然相隔万里，却在同一时期产生了相同的观点。塞尚曾经把一个苹果放在桌子上观察到它腐烂为止。在他的夫人做他的模特时，如果变动一点姿势，他都会大喊“苹果会动吗”。而此时，在日本的短歌世界继承了子规倡导的写生论的斋藤茂吉把写生定义为“观入实像，写自然与自身一元之生”。子规的这个定义难道与塞尚的写生观不是一致的吗？

艺术，一言概之就是“发现”的世界。艺术家从美感出发，有取舍选择地表现自己的发现。因此子规说有时画出来的花比现实的花更美。先入为主地描绘所谓的风雅与风流，只能写出平庸的作品。不以风景名胜、花鸟风月为题就不能写出诗来的说法，过于拘泥于观念了。艺术的素材分布在我们周围，发现它才是艺术家的素质与才能。所以子规画龙点睛地道破“风流随处有”的道理。

子规彻底批判了当时平庸的俳句。他所批判的平庸之作都是当时俳句的主流，作为俳人的他就从这个出发点出发。他找到的超越这个出发点的方法就是“写生”。当时芭蕉是平庸的俳人们最为尊敬的人物，但子规却从自身坚持的写实主义出发，重新认识俳句的历史，发现了一位足以与芭蕉相媲美的俳人与谢芜村。芜村最令子规赞赏的是他的作品具有绘画般的表现能力，能在读者眼前唤起生动的情景。

> 芜村之名虽为世人所知，但一般世人只知他是画家，却不知他亦是俳人。从他逝世后出版的著作看来，可知其生前因俳名过高而压倒了画名，逝世后直至今日画名反倒压倒了俳名。（摘自《俳人芜村》一文）

不过子规的这种说法是有些不妥的。芜村在生前已经是一位有一定知名度的画家了。在《平安人物志》的画家介绍中，子规的名字与应举、若冲同时出现在京都的知名画家栏中。但后来，虽然芜村的画名仍很响亮，但他的另一个身份——俳人却逐渐被人们忘却了。正是子规再次发掘出芜村的俳句杰作，让世人重新认识到了“俳人芜村”。在这里我们要介绍一下明治三十四年（1901）出版的《杜鹃》第四卷第四号的新年附录。在这一期的附录上，刊登了子规撰文、中村不折绘图的《芜村寺再建缘起》。这是一篇诙谐的改编绘图文。芜村的俳句是这样的：

一江春水，
奔流在那，
不见山川的故国。

子规认为这个句子包含着“地图的概念与绘画的概念”。从子规总是从两项对立的方式分析事物的习惯来看，可以知道他偏好辨证的解释方法。在这里他运用了“地图的”与“绘画的”这一对相对的概念，而且我们也可以发现他说过的其他诸多相对概念，比如说浪漫的—古典的、抽象的—具体的、空想的—现实的、假叙的—实叙的、观念的—实在的、时间的—空间的等。

芜村绘画式的写实主义，正迎合了子规针对平庸俳句提出的“写生论”。这种风格的表现与芭蕉的“内化思想”的理念主义是截然相反的。子规在《俳人芜村》一文中提出芜村的俳句属于“积极美”的典型，而芭蕉的俳句属于“消极美”的典型。子规是这样定义这两种美的：

美有积极美与消极美之不同。积极美意匠壮大、雄浑、劲健、艳丽、活泼、奇警。消极美意匠古雅、幽玄、悲惨、沉静、平易。总而言之，东洋之美术文学倾向于消极美，西洋之美术文学倾向于积极美。不论东方西方，从时代角度来看，上世多消极美、后世多积极美。

子规进一步阐述到，芭蕉的寂、雅、幽玄、细腻，均属于消极美。只有芭蕉才是美的，而后世的芭蕉派乃至今日庸俗俳人的平庸之作都属于邪道，是他们让原本古雅幽玄的消极美走了味。

子规并没有判定消极美与积极美的优劣。他认为从整体的美的理念来看，消极美是美的一半，而积极美是美的另一半。要革新旧有的俳句必须要重视积极美。子规认为只有这样作为日本传统诗歌的俳句才能跨越国界，获得近代的“美的意识”，从而成为近代的艺术。

在俳人子规的身边总是有虚子与碧梧桐这两个弟子的身影。可以说他们正是在传统与革新之间摇摆的子规的分身，他们正体现了子规内心的两个极端。子规在说明“俳句新派”这一自身理想时，经常以虚子与碧梧桐的句子为例。他认为碧梧桐诗句的特色是绘画式的、印象鲜明的，而虚子的诗句的特色是有“余韵的”时间性质的表现。子规的理想难道不正是在这二者之间吗？我们不能肯定作为俳人的子规是否达到了这个境界，但可以肯定的是，他在临终前还在病榻上向世人疾呼“共同咏出发自我们内心的诗句”。

第五章　日本的浪漫主义
——从《文学界》到“日本浪漫派”

在日本社会刚刚步入近代的时候，各种西欧名词被译成日文大量流入日本的文学艺术界。比如说“写实主义”、“自然主义”、“印象主义”、“表现主义”、“浪漫主义”等。在这些译名中，我们可以发现只有“浪漫主义”这个词是音译的。有学者认为日本的文学原本就是罗（浪）曼蒂克的，从万叶时代至今，文学的发展虽然有起伏变化，但可以说主流始终是罗曼蒂克的。有学者指出在众多的浪漫主义诗人中，五中将业平可以说是足以与拜伦相媲美的“爱情诗人”。由此可见，很多人理解的罗曼蒂克这个词是有抒情、感伤、甜美等方面的意思的。与此同时，坪内逍遥在《当世书生气质》（明治十八年至十九年（1885至1886））中，却把罗曼蒂克这个词作为“荒唐奇异”的意思来使用。追溯罗曼蒂克这个词在文学上的出处，确实可以得到这样的解释。而且这个词的德语语源“romanhaft”很接近荒唐无稽的意思。

Romanticism、Romantic、Romantisme的Roman一词的音译共有三种。在明治三十四年（1901），森鸥外的《审美极致论》中出现了“罗曼”这个词。但最为人们所知的却是“浪漫”这个音译。这个音译据说是出自夏目漱石的笔下。在明治三十九年（1906）出版的夏目漱石的《文学论》中，我们能够看到“浪漫的”或是“浪漫派”这样的词汇。筱渊友一在《浪漫主义文学的诞生》中指出这个词是由夏目漱石的弟子阿部次郎、小宫丰隆推广普及的。在说到“浪漫”这个音译被人们广泛认可的原因时，筱渊认为这是因为：“它不只是单纯的音译，浪漫这个词从字面上也给人一种自由奔放的感觉。”说到这里，笔者不禁回忆起多年前自己就是因为被“浪漫”这两个字的意境所吸引，才走上了研究浪漫主义美学的道路。筱渊还补充说这个词很可能表现了夏目漱石对 Romanticism 的琢磨与理解。他的这种说法是有说服力的。除了“罗曼”与“浪漫”以外，还有一个折中了这两个词的音译，它就是“浪曼”。日本的“浪曼派小组”就在自己的名称中使用了这个词。

1. “内部生命论”与“自我”的确立

提到近代日本文学史中的“浪漫主义文学”，人们自然会想到明治二十年到三十年（1887 至 1897）以刊物《文学界》为中心的一系列文学作品与文学评论，还有此后杂志《明星》上发表的众多诗歌作品。但那个时代的作家们，却没有像后来保田与重郎创立的“日本浪漫派”的作家们那样标榜自己是浪漫主义。那么，“浪漫主义文学”最初的雏形究竟是什么呢？可以说它是从西方的角度对日本近代文学进行历史性反思时产生的一个概念。这一点我们可以从《文学界》的撰稿人、作家平田秃木的话中得到证实。平田这样回忆当时的情形：

> 我们并没有意识到什么“浪漫主义”或是什么“运动”，不过是趣味相投的人们偶然聚一聚，互相交换一下彼此写的东西。外界叫我们是什么“高踏派”，其实我们尽是些害羞的人，根本没有那样的勇气。
>
> （《文学界的回顾》，昭和九年（1934）三月）

那么，这个被认为具有浪漫主义文学概念的组织究竟具有怎样的倾向呢？在西欧，“浪漫”这个词经常被认为是“感伤”的同义词。《明星》上热情甜美的短歌也表现出了与这种感伤相近似的浪漫。在我们今天看来显得过于感伤的“明星派”，它的主创者与谢野铁干认为他们是从欣赏“自我独创的诗”开始的。与谢野铁干在《新诗社清规》一文中这样说：

我们发挥各自的诗情。我们的诗不是模仿古人的诗，而是我们自己的诗，是个人的发明。

（《明星》第六号，明治三十三年（1900））

近代文学的创造原理、“自我精神”通过以北村透谷为代表的《文学界》一派开展的评论活动，逐渐成为了一种用语言表达出来的意识。在透谷发表在《文学界》第五号的《内部生命论》（明治二十六年（1893））一文中，我们可以发现西欧的自我意识最初是怎样被移植到日本这块完全不同的精神土壤上的。

北村透谷

在前面我们提到逍遥理解的“浪漫”是“小说稗史”的意思。他也许联想到了英国作家斯科特的《湖上的美人》这类的传奇小说。江户时期也有与之类似的文学，比如说上田秋成的《雨夜物语》、曲亭马琴的《南总里见八犬传》、《椿说弓张月》。逍遥认为罗曼蒂克的概念与追求文学近代化的写实主义概念是相对立的，同时它也是一个陈旧的概念。在逍遥写《小说神髓》的时候，人们还生活在江户时代留下的古老的戏作世界里。在这样的情形下，逍遥提出只有“照原样属实地描写”即“写实”才能使文学近代化。但是在《文学界》创刊的时候，年轻一代的意识出现了根本性的变化。曾经不为人所知的西欧文学如决堤的江水般涌入日本国内，但丁、莎士比亚、歌德、拜伦等作家不分时代先后，没有国家区分地一举涌入。在这种混乱的状况下，人们开始摸索贯穿西欧文学的关键词。人们模糊地触摸到了“自我”这个作为艺术创作原理的理念。“浪漫主义”就是把“自我”作为理念。于是文学近代化进程迈入了第二个阶段。

透谷倡导的“内部生命论”究竟是怎样的呢？我们可以说它就是觉醒了的“人类精神”。透谷曾经通过“内部生命论”来说明自己的追求与写实派的目标。他说：

> 所谓写实派应该客观观察内部的生命。写实派的作家应该客观地观察内部生命的百般显像。这才是写实派追求的唯一目的。(中略) 文艺上的理想派是观察人类内部的生命，把其极致以具体的形象表现出来。形而上学的唯心派完全研究观念，文艺上的理想派则在事实的基础上加以观念。

在这里透谷试图彻底区分哲学的“观念论”与艺术的“理想主义论”。透谷进一步用“瞬间的冥契”即“Inspiration”的概念让这个区分变得更有说服力。透谷说自己是在德富苏峰（民友子）的观察论的基础上总结出“Inspiration”这个概念的。但我们可以发现透谷的理解远远超过了德福苏峰笼统的理论。透谷说：

> “Inspiration”并非宇宙的精神、神的精神，它是人类对精神内部富有生命的东西的一种感应。我们感觉得到它就如同感觉得到电流一般。没有这个感应就不是纯粹的理想家。

这个感应是人类对内部生命的再构建。用再构建的“生命之眼”观察的时候，会发现“造化万物无不是极致的”。透谷的这个理论让人不觉想起德国浪漫派提出的“创造性自我”，即“天才论”。透谷对其理论还作了进一步的说明，这一说明在近世美学中具有非常重要的意义。他是这样说的：

> 虽然极致存在于绝对的观念中，但任何事物都通过具体的形状来体现自身的极致。

透谷的这个观点非常接近德国浪漫派学者谢林的“美的直观”。他们都深刻地洞察到了美的事物的固有特征。在谢林的艺术哲学中，“美的直观”就是现实化了的“知的知觉”。透谷的观点与谢林的“美的直观”是否有关系呢？在透谷的内部生命论发表的前一年，即明治二十五年（1892），森鸥外开始在日本介绍德国观念论美学，他在杂志《栅草纸》上连载了五期哈特曼美学的“审美论”。这个“审美论”是日本最早的近代美学研究。从时间上看，以北村为代表的《文学界》一派的作家们很可能读过它。虽然在这个“审美论”中只出现了康德、黑格尔的名字，并没有言及谢林的美学，但在“审美论”中，森鸥外通过黑格尔的理论也论及了“美的直观”的问题。他这样说：

> 倘若你不信近代人的审美学，便不必听此论说。抽象主义原本来自形而上学。幸黑格尔以来，出现具体之理想主义与其对峙。此主义认为美之所在不应求于形而上。形而上之物，脱离官能界处于彼岸，即美之领地之彼岸。美唯一之所在是感官感触后之假象，在充满具体假象之处。

森鸥外想说明的是美是通过感性来感受的，只存在于假象世界。透谷在《文界时事》一文中曾提到森鸥外。在这篇文章中，他也流露出自己对美学的兴趣。他这样说：

> 美学、美文之衰微虽起自历史之勃兴、评论之隆盛，但美学研究实乃其大原因。在早稻田之一隅、千朵木之林下，潜心于此学之奥秘、视卑野小说为度外的倾向逐渐在文学青年中兴起，实乃可喜可贺。

“早稻田之一隅”指的是大西祝、大冢保治这些早稻田的美学研究者们，而“千朵之林下”指的便是森鸥外。

2. 成为了口号的浪漫主义

综上所述，“浪漫主义（Romantik）”这个词原本带有“艺术的近代”，或者说是“艺术的自觉”的意味。具体地说它实际上存在着两种使用方法，一个是作为具体文学运动的浪漫主义，另一个就是黑格尔在《美学讲义》中定义的、相对于“古典艺术”的

“基督教近代艺术”。也被黑格尔称为“浪漫的艺术”。浪漫主义最初产生于18世纪末的德国，它是施莱格尔兄弟组织开展起来的一场艺术运动。叔本华兄弟的友人斯塔鲁夫人把这个运动传到了法国。此后这场运动还波及了英国，可以说它是一场艺术革新运动。浪漫主义结束于19世纪前半叶，此后按理说它的位置应该由写实主义取代，但随着1848年“拉斐尔前派”在英国诞生，浪漫主义又在“拉斐尔前派”的影响下产生的“艺术与工艺”运动中得以重生。这一运动的中心人物是画家兼诗人的罗赛蒂（Dante Gabriel Rossetti）、亨特（William Holman Hunt）、米勒（Sir John Everett Millais）。日本的浪漫主义特别是《明星》一派，经常把自己跟笼罩着浪漫主义余晖的“拉斐尔前派”相提并论。与《明星》派诗人素有交往并负责《明星》杂志设计的藤岛武二，后来超越了老师黑田清辉的外光派风格，创立了自己独特的写实主义风格，成为了“明治浪漫主义”的代表。因此可以说，包括青木繁在内，日本的浪漫主义画家与英国“拉斐尔前派”的关系是很密切的。《文学界》曾经常常选用潘·琼斯与罗赛蒂的作品作为插图。在《文学界》停办之前，藤村在最后一期的告别词中把该杂志称作“P. R. B（The Pre-Raphaelite Brotherhood）”的“萌芽”（The Germ）。

本多秋五曾经指出，在日本近代化的进程中，出现了很多急于求成的现象（注1）。与这些现象相反，日本浪漫主义运动却是逆着时代潮流发展的。高山樗牛在杂志《太阳》（明治三十年（1897））的诗文评论栏中这样说道：“谁都承认抒情诗的时代、罗曼蒂克的时代都已经过去，19世纪后半叶的世界文坛迎来了写实的现实小说的时代。”正是在这样的一个大形势下，逆时代潮流而行，才让日本文学重新思考西欧模式的“近代”究竟是什么，并让它在梳理历史的过程中，获得了重新学习系统体系的机会。而且幸运的是他们准确地捕捉到了西方刚刚盛行过的浪漫主义，即“拉斐尔前派”。因此，他们没有停留在观念的表面，而是展开了一场实质性的文学运动。

在20年代展开的浪漫主义运动之前，对西欧文艺思潮“罗曼蒂克”的言及，最早出现在我们前面提到的《维氏美学》。这本维隆的原著由中江笃介翻译，在明治十六年到明治十七年（1883至1884年）出版。书中说：“罗曼蒂克家设苛细之规律，专门模拟古昔之作者，而不过问其他。”并描述了“罗曼蒂克家”在对抗“古文家”、“博士家”也就是古典主义者、学院派的过程中产生并逐渐壮大的过程。与之相比，日本的浪漫主义就有些奇妙了。因为从它产生之日开始就不存在像西欧浪漫主义那样的古典主义、学院主义的对头，所以没有一个明确的定义。

可以说日本的浪漫主义不过是学习西欧的文艺思想的一个口号。问题是这个口号在当时究竟具有多少说服力呢？第一次使用“罗曼蒂克”这个词汇的文艺评论是刊登在《明治评论》（明治二十九年（1896））上的“观念小说论”。作者列出了黑格尔《美学讲义》的艺术辨证发展的三阶段，即“象征”、“古典”、“浪漫”，评价初期的泉镜花的观念小说是“浪漫”的艺术，直到现在仍没有可以与之媲美的作品。现在看来这篇评论如同在树枝上嫁接了竹子一般，给人以非常唐突的印象。对于这种小说观念论思想，森鸥外以一篇《“自然主义”与“浪漫主义”》的文章反驳。大概是因为森鸥外爱好美学的缘故，他的批判语气还是比较善意的。他先说道：“我们还不能认同黑格尔的艺术辩证发展的三阶段”，紧接着又说：“在‘浪漫主义’之后，艺术究竟有没有变化？人们认为实相主义、自然主义是艺术的第四个时代。而我们现在已经厌倦了极端的写实主义，也就是说我们即将迎来第五个时代。”虽然森鸥外预测“第五个时代”将是一个“再次重视理想的时代”，是人们从“自然主义”转向与“浪漫主义”有亲缘性的“个人主义”的时代，但他最后还是指出“象征主义”、“古典主义”之后的“罗曼蒂克”文学已经不能再让今日的作家满足了。不过森鸥外的理论还是植根于西欧文学，在这个时期的日本还没有出现可以称得上是真正的现实主义或是自然主义的文学。

3. 什么是浪漫主义——金子马治与大家保治

明治二十六年（1893）《文学界》创刊以来，浪漫主义运动开始正式开展起来。但在此之前，领导文坛的《早稻田文学》（明治二十四年（1891））、明治二十八年（1895）创刊的《帝国文学》、博文馆的杂志《太阳》接连不断地发表了与西欧浪漫主义文学有关的评论。这一时期的浪漫主义文学，主要以介绍拜伦、雪莱等英国诗人为主，也有引用雨果来论述法国新旧两派格局的文章。同时也介绍了一些有关浪漫主义起源的学说，比如说对16世纪英国主流思想以及卢梭思想的研究。当然要在日本传播西欧的浪漫主义必须具有广泛的国际视野，只有这样浪漫主义才能成为划时代的文艺理论。而且日本的“浪漫主义”直接受到了英国浪漫主义的影响，所以人们对英国浪漫主义思想抱有特别的兴趣也是可以理解的。但让人不可思议的是，在这一时期没有任何评论介绍浪漫主义运动的真正起点——德国浪漫派的思想。在为数不多的正规论述浪漫主义“美学”的论文中，有一篇是早稻田大学的大西祝指导的哲学学者金子马治（筑水）的《浪漫派的世界观与文学》（《早稻田文学》第九十二、九十三、九十六号，明治二十八年（1895））（注2）。在这篇文章中，金子是这样说的：

> 他们（浪漫派）的世界观过于文学化，即便逐一详细地揭示出来，也未必有益于探讨严格意义上的世界观与文学即诗歌的关系。于是在浪漫派的世界观这个题目下，笔者从狭义的角度举出与浪漫派有关系的哲学者弗里德里希·谢林（Friedrich Wilhelm Joseph von Schelling）的世界观，从而说明文学与世界观的关系。

金子用谢林的美学思想来论述德国观念论与浪漫主义文学的结合点。他在这里要说的是谢林的“美的观念论”揭示了“自然与精神同一”的宇宙之神秘。谢林的“美的直观”属于“超越论的观念论体系”。金子是这样说明的：

> 让我们不妨来了解一下谢林的审美观。他揭示了天地之大调和、宇宙之大秘密的美术为何物。它最机敏地感受到有意识

> 与无意识、必至与自由之调和，最灵活地意识到我与非我、主观与客观之调和。谢林说的就是“我们自身意识到的主观与客观之根本调和”。

可以说透谷说的“瞬间的冥契”指的就是这种自觉。用谢林的话来说就是“有意识的无意识，有意的无意才是美术之所以为美术的真髓”。金子认为在无意识的活动中，“在不可思议的真我的命令下产生的超意识作用”是“天才”的才能，而在天才才能的迸发中，发挥技艺才是浪漫派的本质。对于这个难解的浪漫主义美学，当时的文学者到底了解到了什么程度？是否接受了它？这些至今都没有定论。但在探讨它对文学世界产生的影响之前，我们首先必须承认，金子马治的理论是我国最初把浪漫主义与谢林美学相结合的研究，是极为珍贵的美学文献。

此时对于罗曼蒂克的解释，人们已经从初期的“小说、稗史中出现的罗曼蒂克”拓宽到了西欧的思想精神。但这时人们又发现，在浪漫主义的概念变得逐渐清晰的同时，也变得过于复杂与多样。在这种情形下，大冢保治的《从罗曼蒂克到我邦文坛之现状》(《太阳》，明治三十五年（1902））诞生了。这篇文章的雏形是大冢在东京美术专门学校的讲义。在高山樗牛的《美的生活论》发表后，大冢针对当时把浪漫主义与尼采主义混为一谈的现象，编写了这部讲义。在讲义中他从宏观的角度整理了当时各种浪漫主义的言论。大冢尽可能地避免主观的解释，以不偏不倚的观点客观地论述浪漫主义的本质与历史。他举出了促成浪漫主义产生的两个抵抗因素，分析了浪漫主义产生的历史必然性。这两个抵抗因素分别是“拟古主义”（偏理主义）与“自然派”（写实派）。由此，大冢把浪漫主义按先后顺序分成两部分，第一部分是截至19世纪初期的“浪漫主义”，第二部分是在19世纪末再次兴起的“新浪漫主义”。他说在“新浪漫主义”的影响下产生了叔本华、尼采的思想，以及瓦格纳的音乐。虽然P. R. B是在1848年结成的，但大冢还是把它归入到“新浪漫主义”的范畴。

那么日本的浪漫主义到底属于“浪漫主义”还是“新浪漫主

义”呢？从《文学界》与《明星》都把P. R. B作为自身的榜样来看，是否可以说日本的浪漫主义文学属于“新浪漫主义”的范畴呢？在日本的浪漫主义展开的过程中，我们找不到与之抗衡的“自然派”。可以说日本的浪漫主义，同时是这两种浪漫主义，又同时不是这两种浪漫主义，它是非常暧昧模糊的。只能说对于“罗曼蒂克”，东方与西方有着共同的感受。如果说法国浪漫主义是在对德国浪漫主义的误解下产生的话，日本浪漫主义就可以说是在没有明确的目标下就“匆忙上阵”的一场运动。它是在没有任何抵抗元素的情形下产生的。在前文中我们说到《文学界》的主创者们也说最初并没有把他们的活动看作浪漫主义运动。但不知是有意还是无意，在《文学界》的最后一刊中，他们却写道“无论在西方还是东方，浪漫主义的时代都已经结束，现在我们迎来了英国工业发展带来的、强有力的现实主义文学的时代”。

4. 浪漫主义的变容——冈仓天心与日本浪漫派

冈仓天心

曾经有这样一位思想家，他曾非常执拗地要把西方的浪漫主义理论“据为己有”。他就是我们在前文中屡次提到的冈仓天心。到目前为止，天心的全集曾多次出版，每次都会引起学者们的不同评价。在《东洋的理想》中，天心说：“亚洲是一个整体（Asia is one）。”正是因为这句话，在某一时期天心竟然被“日本浪漫派”的一个组织奉为“大东亚共荣圈”理想的先驱者。回忆起那个时期，西欧列强的帝国主义政策，使东方的国家相继沦为殖民地，只剩下日本与西方为伍。可以说这一时期的形势与太平洋战争爆发的前夜极为相似。在这样的情形下，天心的本意很容易被政治化地曲解与利用。但从我们现在的角度来看，天心的思想是在排斥照搬照抄“西方模式的近代”这个一元化倾向，主张亚洲多元文化的并存。这在今天仍然也是我们所追求的。他是最早思考亚洲模式、日本模式的文化独特性的思想家。他的思想是具有进步意义的，也是值得我们再次探讨与评价的。

天心说：“如果亚洲是一个整体的话，那么把这个整体编织成一匹强有力的布，也必定是一个真理。”他还说明日本因地理上是一个孤立的岛国，所以成为存储战乱不断的亚洲思想与文化的仓库。日本艺术的历史就如同“连绵而来的东方思想的波浪，撞击到日本民族意识的沙滩后，形成的波状沙痕”。天心认为“东洋的理想”结晶在日本的文化与艺术当中。虽然他的这种观点遭到了很多批判，但他仍然把自己的理想称作“东洋的浪漫主义理想”。这个“浪漫主义”的概念，天心说是根据“欧洲学者对过去的艺术分类时运用的三区分法”。他说的“欧洲学者”指的当然是黑格尔。

天心在东京美术学校建校的第二年（明治二十三年（1890）），开始了为时三年的日本美术史讲座。在这个讲座中天心把黑格尔的艺术发展原理应用到日本艺术的发展史中。具体地说就是把黑格尔在《美学讲义》中提出的“艺术的绝对精神”的自觉过程变形应用到日本艺术的展开过程中。天心认为可以把日本艺术的展开过程理解为佛教美术的展开过程，它首先从小乘佛教的“理想化美术”过渡到净土信仰、大乘佛教的“感情化美术”，最后发展成为禅宗的“自觉化美术”。一般认为，黑格尔哲学最初被介绍到日本是通过菲诺洛萨在东京大学的讲座。但黑格尔的美学，特别是从“象征”到“古典”，最后过渡到“浪漫”的艺术辨证发展原理最初是通过文字被介绍到日本的。这就是上田敏写的美术论，它刊登在明治二十五年（1892）发行的《第一高等学校校友会志》第十八号上。

在天心的艺术论中最值得注意的部分是，他在日本美术史的“东洋的理想”这一部分，称室町时代的狩野派为“足利时代”，对狩野派的美术给予了极高的评价。这一时代的艺术就是天心推崇的具有“东洋的浪漫主义理想”的艺术。天心是这样说的：

> 全世界共通的近代的观念，必然向浪漫主义发展。拉丁民族与条顿（日耳曼）民族，尝试客观地、物质主义地追求浪漫主义的理想。（中略）足利时代以后的日本精神，却是从主观的、理想主义的观点来思考问题。

另外值得注意的是，尽管他的表现有时是间接的，但他始终坚持着一个观点，这就是日本的美术在室町时代达到了顶点，后来开始逐渐走向了衰败。他还指出欧洲美术界的状况实际上与日本是一样的。他说："文艺复兴时期的天真烂漫、飞动颖慧的率真风趣已经消失殆尽。在此后的四百年间欧洲美术没有出现转机。"天心还进一步提出了一个战略性观点。这个观点与英国的拉斐尔前派、艺术与工艺运动、德国的纳扎勒派的复古浪漫主义有关。我们知道这些运动都是在当时的人们逐渐意识到拉斐尔以后的学院主义堕入了形骸化后产生的。

说起冈仓天心人们就会想到正是他复兴了文明开化的维新思想下被遗弃的日本传统美术。天心与菲诺洛萨共同创办了东京美术学校，专门致力于传统美术教育，彻底排斥工部美术学校开创的西洋画教育。天心的这种做法使他被贴上了顽固的国粹主义者的标签。但同时天心依靠自己超人的语言天赋，用英文写成了《东洋的理想》、《茶之书》等著作，力图向西方人介绍他们一无所知的东方艺术。由此可见天心又是一个那个时代少有的国际人。天心的国粹主义其实是一个高明的艺术战略，它的目的在于挽救濒临灭亡的传统艺术。构建这个战略的理论是两个浪漫主义，一个浪漫主义是黑格尔美学中的"艺术的近代"，还有一个是有些倒退倾向的理想主义，也就是复古浪漫主义。这样看来，天心是在巧妙地读解西方浪漫主义后将其脱胎换骨，以这个理念为基础，展开了传统美术的复兴与发展的实践运动。从明治四十三年（1910）的"泰东巧艺史"讲义开始，天心开始逐渐挑明了自己的真实目的。让人惊奇的是天心对西方浪漫主义的考察甚至涉及了法国的浪漫主义，他说："对我国古社寺的保护就如同法国人维克多·雨果（Victor Hugo）建议保存中世寺院。"

日本浪漫派

此后，冈仓天心的浪漫主义被昭和十年（1935）三月创刊的《cogito》的主创者保田与重郎、神保光太郎、亀井胜一郎等人继承。他们兴起了一场“日本浪漫派”运动。他们坚持无产阶级文库象征的旧制高等学校的教育主义。他们的理论就是在这种教育主义的基础上学到的德国浪漫派思想。德国浪漫主义思想被他们移植到了日本的精神土壤中，成为了文学青年们的崭新目标。他们形容自己是“在前所未闻的紧要关头一举成立，在上一代留下的糟粕中迷茫前行”。

在日本浪漫派的创刊词中，他们写道：“导入漫漫西洋之文物，尽数知识化演变为艺术化事例之多，不禁令人惊叹。”从这句话中我们可以感受到他们的决心与目标。但在创刊词之前发表的“日本浪漫派广告”中，我们可以看出他们的运动理念与德国浪漫派是有关系的。他们说：

> 为了否定其他的文学运动，我们开始了自己的文学运动。这是对卑近的高迈主张、对流行的坚决反抗、对流俗的光明正道。现在到了不得不用真理与诚实的侍女即 ironie 的时候了。
>
> 日本浪漫派，是我们的“青春时代”之歌。我们拒绝所有抑制青春之歌高唱的东西，不管过去的习俗如何，只追求明天的真谛。我们时代的青春！这个浪漫的存在带来今日的充实，我们有着可以共同感受到它的友情。这是真实地意识到艺术家的天赋，因此而不得不反抗现状的人们的组织。日本浪漫派本身就是一个 ironie。

值得注目的是这里用了两次“ironie”这个词，还有一个略显奇怪的“青春时代”的这个词。前者明显是施莱格尔（Friedrich Schlegel）的“浪漫的反语（Romantische Ironie）”，后者出自保田与重郎在《反进步主义文学论》一文中引用的谢林艺术哲学的序论中出现的“青春时代”，准确地说是“我们青春的时代”。它的德语原文是“Frühling der Zeit”。通过“青春时代”与“反语”这两个关键词，日本浪漫派究竟要表达怎样的思想呢？上述的保田的文章是对某些人批判“反语”的回击。下面我们就来仔细看看他的这篇“文学论”，从而读解当时属于少数派的思想。

在这个“浪漫派的广告”中还出现了“迫在眉睫的时刻”的这一字眼，它究竟是什么意思呢？它指的大概就是无产阶级文学运动所遇到的挫折。日本浪漫派就是无产阶级文学的一个变形。他们称这种变形是“对卑近的高迈主张”、“对流行的坚决反抗”、“对流俗的光明正道”，把这种不被流行驱使的艺术理想的时代称作“青春时代”。谢林这样评价这个“青春时代”：

> 艺术百花争艳的时代，必定存在支配人们思想的必然性与幸福，这就是青春时代。而这样的时代会让巨匠们具有某些相似之处，哪怕多少有些差异。正像艺术的历史所证明的那样，同一时期的伟大作品会产生共鸣。就像在一样的阳光下，一样的微风中，一起发芽生长结果那样。就像阿尔布雷希特·丢勒（Albrecht Dürer）与拉斐尔（Raphael）同时代，塞万提斯（Cervantes）、卡尔德隆（Calderón）也诞生在同一时代。但那个幸福而丰厚的时代过去后，留下的却是反省、还生出随处可见的分裂与争端。那曾经充满了活力的精神已经成为了传说。（谢林《艺术哲学讲义》绪论）

谢林在这里所说的“传说”也可以叫作“神话”。谢林与施莱格尔都认为他们成长起来的那个时代对于艺术来讲是幸福的时代，但现在已经过去了。所以他们提出了创造“新的神话”作为新时代的艺术。关于这一点，保田是这样看的：

> 作家在内心描绘国家、构建宇宙，他们是世纪神话的代言人。未来神话的时代是谢林悲伤的预言。因为他曾亲眼目睹了那些象征着法国革命的天才们诞生在同一个太阳下。所以谢林才会反复使用青春时代这个贴切的词汇。
>
> （《反进步主义文学》）

保田实际上也面临着与德国浪漫派相同的问题。志向“未来”同时也是回顾“过去”。保田认为没有任何历史忽略社会与国家的对立，它已经成为了我们思想的一部分，也是我们今天所必须面对的问题。喋喋不休地强调这种对立不仅是毫无意义的也是毫无用处的，保田提倡“从发现今日文化中的废墟出发”。他认为包括文艺复兴在内，很多思想如同神话般地在从这种“发现的叹息与愤怒”中诞生。保田说：“现代的文化废墟的发现与苏联的建设是同步进行的。”他还说：

> 对于现代废墟的感伤不仅更新了我们对过去废墟的考察，还更新了我们的自然观。为了理解最浪漫的东西，我们必须学会把强加给我们的东西与我们自发的东西混合在一起，把它变成自己的东西。这就是要同时确保创造与破坏的自由，它才是浪漫的反语（irnoy）。
>
> （《反进步主义文学论》）

把这个 irnoy 看成一个单纯的反语或是一个讽刺，认为它是在说逃避现实、回避进步的那些人都没有真正地了解浪漫主义。这些自以为是的人们把它理解得过于简单了。对于这些人所倡导的现实主义，保田这样表明自己的立场：“我们是把通俗变成高迈的、魔术般的现实主义。”他所说的“魔术般的现实主义”显然是效仿诺瓦利斯（Novalis）曾提出的“魔术般的理想主义”。保田认为他们这一派的诗人当中，伊东静雄是“在昨天与明天的矛盾中挣扎着的、最接近古人的、最纯正、最真实的叙事抒情诗人”。他同时也是最具有悲剧色彩的诗人。保田的文学论用他自己的话来说无非是：“今日的浪漫家已经超越了进步或是退步这样简单的标准，选择了另一种全新的标准。”

后来随着外战的激化，以德国浪漫主义美学作为理论武装的“日本浪漫派”也逐渐与法西斯融为一体，卷入到了“日本主义”的意识形态中。同时，日本浪漫主义的本源德国浪漫主义也被德国政府所利用。日本与德国同时发生的这种现象正说明了，浪漫主义究其根本正是起源于民族主义。战时日本浪漫主义还与西田几多郎、西谷启治等人代表的“京都学派”有所接触，在这里我们就不过多提及了。

在前文中我们提到日本浪漫派是马克思主义的变形，或者说是在劳动主义文学遇到挫折后产生的。日本的浪漫主义的发展过程也是非常特殊的。就像三枝康高说的那样："我国的浪漫主义不是先行于现实主义的思潮，相反它是在现实主义的后退下产生的。"（三枝康高《日本浪漫派运动》）

确实像三枝所说的那样，在逍遥、四迷等的启蒙性质的现实主义之后，《文学界》的运动开展起来，继藤村、花袋之后杂志《昂》创刊，在小林多喜二、宫本百合子之后出现了日本浪漫派。

三枝进一步说明，日本的浪漫主义在相当的程度上孕育着最为日本式的"古典主义"。但德国的浪漫主义却是在它之前产生。正像保田与重郎所说的那样，日本的浪漫派是在展开自身的运动中发现古典世界的。他的《万叶集的精神》正是发挥了这样的作用。三枝说，这种文艺思潮的逆流型发展，必须从万叶以来的传统"日本独特的抒情"来理解。我们暂且不断定这些观点是否正确，只想引用一段从浪漫出发的杂志《明星》上的话。

> 时代是罗曼蒂克的，非罗曼蒂克的只表现吐露热情的迸发。这些热情都是罗曼蒂克的，所以也是万叶之所以为万叶的。所以它们等待着欧洲思想的侵入。
>
> （根本三红《短歌思潮的一端》、《文艺杂俎》，《明星》第十一号，明治三十六年）

这一章我们回顾了"浪漫"是怎样以更为日本化的形式，在艺术的近代化的过程中被接受理解。它从逍遥的"小说稗史中的罗曼蒂克"开始直到"日本浪漫派"。在文学史的领域通观浪漫主义的研究主要有篠渊友一的大作《浪漫主义文学的诞生》、吉田精一的《浪漫主义研究》（注 3）。另外还有众多依据复杂多样的资料进行的研究，但这些研究都是从文学史的角度进行的。而我们的考证却是从美学的角度，思考了在日本近代艺术学的成立与发展上浪漫主义所具有的意义。

第六章　西方音乐的引进与音乐美学的诞生

——从教育音乐到艺术音乐

1. 对西方音乐教育的引进

东京音乐学校建校早于东京美术学校两年。明治十九年（1886）正值政府致力于实现教育近代化的时期，伊泽修二等人向文部省大臣森有礼提交了建立音乐学院的提案。这个提案当年就被采纳，在转年的明治二十年（1887）东京音乐学校正式建校。与音乐学校相比，东京美术学校的建校就没那么顺利了。这主要因为东京美术学校在企划的阶段就具有强烈的国粹主义色彩，没能得到欧化主义者森有礼的支持，建校一度陷入了绝望的境地（注 1）。而且这时东京美术学校的主要筹划人文部省图画调查委员冈仓天心与菲诺洛萨正在欧洲视察旅行。作为临时负责人的狩野芳崖亲自拜访了伊藤博文。狩野与伊藤原本就认识，狩野是伊藤的同乡，所以一直以来都很受伊藤的眷爱。在伊藤的官邸，狩野花了三个小时介绍了日本美术的整体情况，终于说服伊藤在东京美术学校建校许可书上盖了章。此后伊藤又说服了森有礼，终于拿到了建校的许可。

明治二十二年（1889）建校的东京美术学校设有绘画、雕刻、建筑、图案四科。建筑、图案开课较晚，绘画只有日本画，雕刻只有木雕。半年后增加了铸金、雕金、漆艺等工艺科目。至于油画科的开设是在黑田清辉、久米桂一郎回国后的明治二十九年（1896）。而与东京美术学校相反，东京音乐学校的教育方针只重视西方的音乐理论与演奏歌唱技巧，忽视了对日本传统音乐的教育。直到大正年间，帝国议会上出现了国乐教育请愿书后，音乐学校才正式开始了国乐的研究与教育。这样看来，美术学校与音乐学校在建校初期的教育方针是截然相反的，美术学校奉行国粹主义，而音乐学校则坚持欧化。

这两种不同的治学方针实际上是受到了两个人物的影响。他们分别是两所学校的建校人、文部省旗下的图书调查委员冈仓天心与音乐调查委员伊泽修二（注 2）。东京美术学校总则的第一条规定："东京美术学校培养绘画雕刻建筑及图案的教师（教员或从事制作的人）。"东京音乐学校规则的第一条写着："本校培养音乐专业教育的优秀音乐教员及音乐家。"虽然两所学校的第一条规则颇为相似，但实际上冈仓与伊藤在建校阶段，各自的教育目的与重点就已经有所不同了。冈仓的治学目的在于培养艺术家，而伊藤追求的是完善音乐教育。这个时期的绘画，已经由欧洲的"逼真"技法转变到菲诺洛萨在龙池会上的讲演所倡导的对"妙想"的表现，这实际上已经跨越了东方与西方的界限，上升到了具有普遍意义的美术的阶段。音乐方面追求的并不是日本人还没有听惯的西洋音乐的艺术性，而是更为基本的音乐技巧，对音乐技巧的掌握成了当务之急。可以说，在那个时期与音乐相比美术作为艺术的自觉程度更高。

伊泽修二

当时，很多武士阶层出身的人都立志成为画家，而音乐却被认为是在武士必要的教养之外的游艺。伊泽在偶然的一个机会被选为信州高远藩鼓笛队鼓手，而后成为培养击鼓手的老师，最终又为了巩固近代日本国家教育的基础而四处奔走宣传音乐教育的重要性。在伊泽的努力下东京音乐学校终于成功建校。他的这些贡献着实令人叹服。但伊泽对音乐教育的贡献比起他对明治教育界整体的贡献来说只是微乎其微的一小部分。对伊泽来说，音乐不仅仅是艺术，它更是实现日本社会近代化所必不可少的启蒙教育的一环。

不论是作为一种教育还是一门艺术，西方音乐是否让听惯了传统音乐的日本人感到悦耳呢？日本的画家最初对油画感兴趣，是因为发现了油画具有逼真地还原实物的技巧。那么最初西方音乐是否也以它的特别之处吸引了人们呢？最早让日本人的耳朵逐渐习惯西洋音乐的是幕府时期的荷兰式鼓笛队——明治四年（1871）原英国公使馆军乐队队长芬邓指挥的海陆军军乐队。除此之外，还有基督教解禁后的教会圣歌、赞美歌。前者是日本作为一个近代国家在外交活动中为了维护国体不可或缺的典礼音乐，后者则是基督教的布教方式，是一种宗教手段。伊泽提出，在儿童时代就应养成一个文明人应具有的美感，所以应该实行音乐教育。伊泽所说的“高等的音乐”并非从艺术的角度来定义。在既没有完备的乐器，又没有唱盘、光盘的时代，恐怕没有人会对新奇的西洋音乐有一个完整的印象。可以说在明治时期，西洋音乐的引进并非通过民间的认同而逐渐扩大的。这种引进更像是政府的政策性的植入。

欧美的音乐教育、艺术教育，虽然作为制度规定下来了，但在现实中是否得到了彻底的贯彻呢？欧洲直到19世纪上半叶为止，主知主义的教育思想始终都是主流，在19世纪的后半叶振兴艺术教育与音乐教育的运动才逐渐展开。在20世纪初期德国召开了艺术教育会议，正式讨论艺术教育的问题（注3）。日本是在明治五年（1872）设立了文部省，制定了统一的教育制度。在此之前，作为明治政府委员的森有礼、加藤弘之就开始调查外国的学制并派人到欧洲去实地考察。政府最终参考荷兰和法国制定了学制。音乐虽然被纳入到了教育科目中，但在西方诸国音乐教育究竟普及到什么程度，当时文部省也不是很清楚，只是照搬照抄。这个时期教师、教材都不充足，音乐教育课程在小学规定为“歌唱”课，在中学规定为“奏乐”课。

伊泽修二在明治七年（1874）被任命为爱知师范学校的校长。在任校长期间，他翻译了有关欧美教育论、教授法的著作《教授真法》。伊泽为了验证教育理论，在师范学校的附属幼儿园给孩子们指导唱歌和游戏。在伊泽的实践下，诞生了日本最早的歌曲

《蝴蝶》（注4）。它改编自西班牙民谣是由附属幼儿园国语教师野村秋足填的词。伊泽大胆尝试的音乐教学要比东京女子师范学校在明治十一年（1878）开设的“保育歌曲”课程还要早。在这个时候，伊泽开始对音乐教育产生了兴趣。

明治八年（1875）伊泽在接受了文部省的师范学科调查命令后来到了美国。这时他已经意识到了音乐教育的必要性。来到美国后，伊泽进入了马萨诸塞州的师范学校学习。赴美前还是师范学校校长的伊泽变成了一个普通的留学生。但这也给了他亲身体验师范教育的机会。虽然他的学科成绩基本都得到了中上等的评价，但仍有两门科目对他来说是难于跨越的难关，这就是音乐与英语，特别是英语的发音。撰写了伊泽传记的上沼八郎指出，正是伊泽在美国求学遇到的这两个难关把他领入了他毕生从事的近代音乐教育与聋哑教育的道路。到美国时已经24岁的伊泽从哆来咪开始学起西方音乐。据说，师范学校的校长伯顿体谅伊泽的处境，以东方音乐与西方音乐的差异为理由特别免除了伊泽的音乐科目。但没有理解校长苦心的伊泽却为此在家哭了三天。后来伊泽遇到了音乐家luther Whiting Mason，他后来被伊泽邀请到了日本。伊泽在这位音乐家的家中接受了声乐与乐谱的特别讲座，并了解到了欧美最新的音乐教育情况。

既然伯顿校长认为东西音乐不同，那么我们就可以想像对于明治初期来到日本的欧美人来说，日本的音乐听起来恐怕也不那么动听。他们中间曾有人说：“要让人承认日本从神话的时代就存在音乐，就必须先把音乐这一美丽辞藻的意义降格到东方乐器与歌曲发出的唧唧喳喳声。”与菲诺洛萨同样对日本的美术抱有浓厚兴趣的莫斯，虽然他曾经非常赏识日本音乐家大森贝冢，但他对日本音乐也持有否定态度。他虽然对日本随处可见的艺术性怀有敬意，但却认为船夫唱的小调是奇妙的建筑劳动者的歌声，甚至是令人毛骨悚然的。最后竟然说：“从外国人的角度来看，这个国家的人们完全没有‘音乐的耳朵’，他们的音乐是最粗糙的。”而与此同时，日本人在听到剧作家默阿弥的作品中插入的西洋女高音时，也嘲笑说像是杀鸡的声音（注5）。

这一时期为了提倡文明开化，首先必须解决“日本人是缺乏音乐美感的国民”的这个评价。伊泽在自己艰苦钻研音乐的过程中，痛感在一般教育的同时，音乐作为情操教育也是不可缺少的。伊泽在回国前，与目贺田种太郎联名向文部省提交了“着手音乐调查事业之必要”的请愿书。那个时期虽然模仿欧洲各国制定了学制，并在书面上规定了声乐与演奏教育，但并没有实行。古代儒教思想称音乐为礼乐，视为道德教育的科目之一，但以武士为中心的教育却是轻视音乐的，甚至可以说是藐视音乐的。伊泽在请愿书的开头从音乐对知识、道德、教育、健康诸方面的效用来说明音乐的必要性。他说：

> 现在欧美的教育者皆以音乐为教育之科目。音乐可爽学童之神气，消除学习之疲劳，强肺脏，助健全，清声音，正发音，疾视听，密思考，乐其心情，感发其善性，此均为音乐在学室直接之功效。于社会为善良之娱乐，于自然以善，远罪恶，增强社会之礼仪，使国民颂王德，乐太平。此乃音乐间接之功效。

有学者指出，伊泽的这个音乐效用的说法是原封不动地引用了美国音乐教育创始人 L. 梅森于 1832 年向波士顿教育委员会提出的关于设立公立小学音乐必修课的请愿书。在伊泽的请愿书里面还有一封由目贺田种太郎署名的美国音乐教育的报告书。其实这一部分的原稿也是伊泽修二撰写的。这两封请愿书涵盖了此后伊泽在日本进行的音乐教育的基本方针。关于美国音乐教育的创始者梅森所采取的音乐教育的具体方法，伊泽作了如下的总结：

> 第一，建立“波士顿音乐学校”作为音乐教育发展的据点。
>
> 第二，导入欧洲诸国特别是英国、德国、瑞士的音乐教育体制，并对其内容进行详细的讨论。
>
> 第三，从儿童对音乐的兴趣与关注的角度出发，对诸国的

音乐教育法进行取舍，确立美国独特的音乐教育。

第四，为了音乐的普及与发展，从设立小学音乐课程着手，最迟也要在1932年在波士顿的小学开设音乐课程。

这些教育的方针完全与归国后的伊泽所采取的音乐教育实践方针一致，可见它是从欧洲诸国传到美国又从美国传到日本的。伊泽的请愿书终于使书面规定上的音乐教育得以实施。此后文部省设立了最早的音乐教育实施机构"音乐传习所"。这个传习所本着从调查出发的目的设置了音乐调查部，归国后的伊泽在任东京师范学校校长的同时兼任调查部部长。伊泽请来了在美国留学期间曾经教授过自己音乐的梅森。伊泽解释聘请梅森的理由是由于其杰出的教育业绩。但实际上梅森出生在美国乡村，音乐基本上都是自学的。即使梅森有管理音乐学校的经历，但毕竟不能算是专业的音乐家。这一点在梅森从美国带来的乐谱中也可以得到证实。他的乐谱有拜厄二十册、车尔尼与克莱门蒂各两册，还有流行舞曲集、狐步舞曲集，没有巴赫、莫扎特、贝多芬等作曲家的作品，就像是幼儿园的音乐教材。凭着这些乐谱梅森真能够编撰出音乐学校的基础教程吗？他有能力成为音乐教育的指导者吗？这些都令人怀疑。据近卫秀磨说，在明治十五、十六年（1882、1883）内务大臣伊藤博文与西园寺公望应邀参见匈牙利公国的庆典，在庆典上他们听到了李斯特的钢琴演奏，提出邀请李斯特来日本讲授音乐的请求。这个有些异想天开的念头没能成功，但我们可以想像，李斯特如果真的来到日本指导音乐教育的话，那日本近代音乐的发展一定会是另一番景象（注6）。

伊泽创始的日本近代音乐教育模式也遭到了一些非议。有人说这种教育模式是在文部省音乐调查部官僚们的专断下对西方音乐的照搬照抄，完全无视日本音乐的传统。究竟是否这样呢？透过伊泽的请愿书我们可以弄清这个问题。在请愿书中伊泽在说明了音乐教育的效用及必要性后，接着在"音乐传习所设置议案"一章的开头这样写道：

兴起音乐乃本邦教育之急务，此点伊泽、目贺田两氏已在调查书中作了详细论证。而为民众兴音乐趣味之时机甚为难测，故恳请文部省设置音乐传习所，在此基础上方可逐步实施音乐教育。

从上文中我们可以看出，当时的情况是为了完善近代国家的体制，才着手兴起艺术教育。从当时的国情来看，伊泽的想法是可圈可点的。而且从作为调查委员的伊泽提交给文部省的“音乐调查展望书”的内容来看，他也并非完全无视传统音乐。下面我们来归纳一下伊泽对未来音乐教育的具体构想。

明治五年（1872）学制颁布以来，虽然歌唱课已被纳入到了教育科目中，但在任何学校都没有得到实施。原因并不是因为歌唱没有实用价值，而是因为实施存在一定的困难，很难规定究竟应该选择什么样的音乐。伊泽经过调查后发现当时人们对音乐的选择主要存在三种意见。

甲说，音乐是人感情的流露，没有东方与西方的界限，也没有人种的区别。如果人的感情是相同的，音乐也应该是一致的。西方的音乐在希腊哲学家毕达哥拉斯以后经过数千年的研究已经达到了顶点，与之相比，东方野蛮的音乐望尘莫及。因此可以把西方音乐原封不动地移植过来。为什么还要培养东方幼稚的音乐，漫长地等待它的成熟呢？这难道不是在舍近求远吗？

乙说，不同的国家有各自的语言、风俗、文物。各个国家的民族性是从各国的风土人情中自然形成的，不应人为地改变它们。音乐从人的感情出发，在人心向往的地方诞生。各个国家都保有固有的国乐，从未听说过把外国的音乐移入到自己的国家。移植西方音乐就如同把我国的语言改成英语，是没有任何益处的。

丙说，甲乙各自的看法不是没有道理，但都有些偏激。应把东西方音乐折中，从而制定适合我国的音乐。

伊泽认为丙的说法最为妥当，同时他也认识到丙的说法具体实施起来却是非常困难的。但他还是尝试着应用自己的知识以及符合时代趋势的手段来完成这个目标。他清楚地知道任何事如果因为困难就不做努力的话，理想就永远无法实现。

伊泽提出的实施计划主要从三方面入手。

第一，“折中东西方音乐，创造新曲”。西方民谣与日本小调截然相反，几乎没有任何相似之处。而西方宗教歌曲与日本琴歌虽然不尽相同，但在本质上却是极为相似的。而且西方童谣与日本童谣基本上一致。可以通过这样简明的分析比较来发现东西方共通的要素进行折中。

第二，“培养未来振兴国乐之人”。学习音乐要从理论与实践两方面着手，这两方面都是重要的。但由于时间、经历、才能都是有限的，所以音乐家只需专攻技艺，理论只能作为一个辅助。在培养学生方面也要把重点放在实际技艺上，理论其次。招收年龄在十六到二十五岁的有文化并有一定的国乐基础的男女。人数在二十人左右，教育他们三年国乐与洋乐，培养他们对国乐的创造能力。

第三，“在诸学校实施音乐教育”。首先在东京师范与东京女子师范附属小学、附属幼儿园教授新作，从中选取优秀的作品编写挂图乐谱，然后逐渐推广到其他学校。

综上所述，伊泽当时提出的都是与实际结合的具体意见。其中，最值得注意的是新的“国乐”的创造。可见伊泽并不是完全忽视传统音乐，主张洋乐一边倒。我们在前面提到，伊泽提交的展望书的大部分内容效仿了梅森在美国实行的音乐教育政策。虽然如此，伊泽提出的折中西方音乐与日本传统音乐、创造“新国乐”的构想以及一系列的具体实施方法可以说已经超越了梅森。

伊泽在明治十五年（1882）一月提出的“音乐调查概要”，以及明治十七年（1884）二月提出的“音乐调查要略”中，公布了他的几项研究成果，以此来说明创造国乐的可能性。在“内外音律之异同研究”中，伊泽介绍了他聘请来的美国音乐家梅森与日本筝曲大师山势松韵的观点。听到日本音乐后的梅森，在被问及日本音乐与西方音乐之不同时，说道：“日本音乐家娴熟的演奏与西律毫无区别。”山势在第一次听到钢琴曲后也说：“其律与筝之调无丝毫差别。”由此伊泽得出结论：“东西方音乐家证明东西之音律无甚差别。”据说当时日本雅乐、筝曲、长歌的音乐家们对西洋音乐掌握之迅速也是让梅森等西方人着实吃了一惊。伊泽也就更加坚定了东西音乐的音律没有差别的观点。他认为如果用西乐的乐谱改写日本依据口传或是传统的记谱法记载下来的音乐的话，日本的传统音乐将会变得更加精准。

在日本的传统音乐中，伊泽给予最高评价的是“雅乐”。他说雅乐可以与西欧的管弦乐相媲美，认为雅乐是：“高等音乐，如同管弦乐一般，可以开发国民的高等思想，应选其作为国歌。”“俗曲”则与雅乐是相反的，伊泽提倡“俗曲改良”。他说：“我国民乐之俗曲，自古有教养者就对其不屑一顾，被无教养者所经营，失去音乐应有之面目，完全是最低级野蛮的。”并这样说明了它的弊害：

> 俗曲淫秽猥亵，乃风致之鸩毒，是其一也。俗曲之旋律极淫风之至，导士人趣味于淫佚，妨碍雅正善良音乐之振兴，是其二也。俗曲淫邪开诱惑之途，妨碍德教之涵养，是其三也。外交日新之际，在彼此文物相融通之今日，盛行此音曲实乃毁损国家之体面，是其四也。

虽然说俗曲是淫靡不道德的，但伊泽要纠弹俗曲的最大原因还是“毁损国家之体面”。伊泽要开创的日本国乐无疑是与俗曲截然不同的。这样看来伊泽的做法与冈仓天心的做法是有些相似的。冈仓也是击退了西欧最初发现日本美时所找到的浮世绘，力图复活已经僵死的狩野派传统。但日本的传统绘画与音乐所不同的是，在老百姓中流传的俗曲与浮世绘相比，并没能引起欧洲人的兴趣。

我们刚才提到，欧洲人在日本的日常生活中接触到的音乐，用他们的话来说是一些奇妙的，甚至可怕的、不能称得上音乐的旋律。由此伊泽提倡：“（在改良俗曲之际）俗曲有一部分是正确的音律，另一部分是不正确的音律，可以取消甲部，却不可以取消乙部。”这样看来，伊泽对国策的提倡只不过是把西方音乐拿来嫁接。伊泽提出的国乐理念与那个时期的戏剧改良论倒是很相似。

经过与梅森的商量，伊泽决定选择符合日本民情的乐曲作为音乐教育的歌唱集。梅森向伊泽推荐了苏格兰民谣与英国古乐。它们与日本的雅乐俗乐相似，是由没有七音音阶的“发”（4）和“西”（7）的五音音阶构成的，比如《萤之光》。由此可见，伊泽对于音乐的东西合璧也是作了一番苦心的尝试。

作为明治音乐教育的奠基人，伊泽修二的功绩虽然是不可磨灭的，但当时他对音乐艺术性的理解确实还没有达到一定的水平。通过伊泽的理念与行动，我们可以看出他为了让音乐尽快落地生根，而特别强调音乐的效用，倡导功利主义。对于他的这种做法曾有过一些夸大的评价，比如说有些人说他的行为是忠君爱国的。

下面来看一看被伊泽称为高等音乐的管弦乐，我们应该如何来评价。

2. 音乐的艺术性

因为在日本最早用西洋乐器进行演奏的是军乐队，所以军乐队是日本最早的管弦乐队。有意思的是军乐队的第一次演出不是为了军队而是为了一般大众。这次首演的时间是明治九年（1876）九月二十七日，地点是东京的大槻磐溪宅邸的庭院。关于这次演出我们可以找到以下的记载：“近日下达了允许士民之礼会租赁陆军乐队之令，故恳请松本君带领其陆军乐队来为大槻氏祝贺，此乃军乐队为私用之先河。”这就是我国最早的演奏会，当时演奏的都是圆舞曲、进行曲等略显幼稚的曲目。朝野新闻报道当时的演奏是“其音扬扬宾主皆乐”，这条评论可以让我们想像到当时的盛况。

明治十六年（1883）十一月东京的日比谷鹿鸣馆正式开馆。在鹿鸣馆召开的西洋舞会上，陆军军乐队被请来伴奏。鹿鸣馆的活动虽然有些崇洋的味道，但在当时确实起到了推广西方音乐的作用。此后西方音乐的调查官员们终于开始频繁地举办演奏会了。

音乐调查所第一次举办演奏会是在明治十八年（1885）七月二十日。这场在音乐调查所的新馆里举办的演奏会实际上是东京音乐学校第一批毕业生的毕业演奏会。第一期全科毕业生有幸田露伴的妹妹幸田延、远山甲子、市川米奇。虽然当时西方音乐教育还处在初级阶段，但从他们演奏的曲目来看，他们的演奏水平已经达到了一定的程度。幸田演奏的是韦伯的《舞会的邀请》，远山演奏的是肖邦的《波兰舞曲》，市川演奏的是韦伯的《光辉的波洛涅兹舞曲》。幸田在明治二十二年（1889）被文部省派到国外留学，先后在波士顿、维也纳学习，归国后成为音乐学校的教授。幸田在演奏与教育两方面都对我国西方音乐的发展产生了很大的作用。幸田延的妹妹也毕业于东京音乐学校，当时被誉为天才小提琴家。后来幸田姐妹俩都被推举为日本帝国艺术学院的会员。特别是幸田延，她是第一位被推举为会员的音乐家。

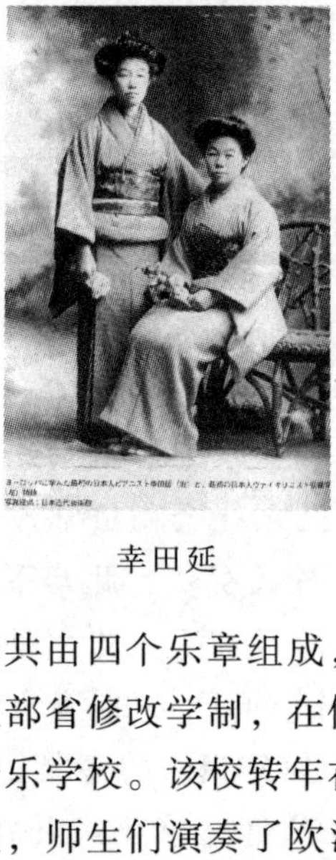

幸田延

在东京音乐学校的毕业生们的带动下，西方音乐的演奏技术水平逐步提高。这时也出现了对高等音乐感兴趣的听众群。最初还只是鹿鸣馆的一些西化贵族阶层，后来上流阶层以及知识分子阶层也开始爱好西方音乐。他们于明治十九年（1886）组织了“大日本音乐会”。会长是侯爵锅岛直大，副会长是伊泽修二。

日本最初的交响乐会是明治二十年（1887）在音乐调查所举办的。会上演奏了贝多芬的第一交响乐。贝多芬的第一交响乐共由四个乐章组成，这次演奏会只演奏第二、三乐章。同年十月文部省修改学制，在伊泽的努力下音乐调查所扩建成文部省直辖的音乐学校。该校转年在上野华族会馆举行了音乐会，在这场音乐会上，师生们演奏了欧洲弦乐交响乐。在明治二十六年（1893）的音乐会上，音乐学校的师生们演奏了培顿的“告别交响乐”。

后来，由于甲午战争的临近，国家为了扩张军备而节省国库开支，废止了部分教育机构。在这个大形势下，明治二十六年（1893）六月音乐学校被降级为高等师范学校的附属。也是这个时候，人们终于开始逐渐意识到音乐是一门艺术，并开始热衷于这门艺术。美术在较早的阶段就已经自觉到了自己的艺术性，而音乐的自觉却相对较晚。这也是音乐学校降级成师范学校附属的原因。与音乐学校相比，东京美术学校始终是一个独立的教育机构。东京音乐学校重新复校是在明治三十二年（1899），这一时期“教育音乐”开始逐渐转化为“艺术音乐”。在前文中我们提到是菲诺洛萨的《美术真说》让当时的人们意识到了美术的艺术性，而在音乐方面却没有产生足以与《美术真说》相媲美的音乐美学理论。伊泽聘请来的音乐教师梅森的学识毕竟无法与菲诺洛萨相提并论。

东京音乐学校复校后，在明治三十三年（1900）修改了大部分的学制，并改定了课程，增加了审美学、生理学、心理学等必修或选修课。明治二十三年（1890）菲诺洛萨在东京美术学校开讲美学，菲诺洛萨归国后，森欧外主讲的哈德曼美学令当时的美术界大吃一惊。这样比较看来在艺术的理论研究上，音乐学校比美术学校落后了将近十年。也许正是音乐学校对理论研究的轻视导致了它一度沦落成师范学校的附属。

这一时期还有一个人物是值得注意的，他就是东京帝国大学哲学讲师拉斐尔克伯（Raphael Koeber）。克伯博士在明治三十一年（1898）作为钢琴讲师就任，在教授弹奏技巧的同时兼教音乐史（在东京大学讲授哲学、哲学史的同时，也讲授美学及美术史）。我国正规的美学讲座开始于明治二十三年（1890），它是东京帝国大学教授外山正一为西洋画美术团体明治美术会作的讲座。这个讲座题目是“日本绘画的未来”，为时三个小时。这个讲座曾遭到医学专业的森鸥外的猛烈批判，森鸥外用爱德华·冯·哈德曼的美学反驳外山。对于森鸥外的反驳，专攻英美哲学的外山只作了一次还击，对于此后的森鸥外的挑战性批判外山都没有回应。这场争论使日本哲学的主流从英美法哲学转向德国观念论哲学。在这样的形势下，东京帝国大学向哈德曼本人发出邀请，希望他能够来东京帝国大学讲授哲学。这次邀请最终由于哈德曼健康欠佳的原因没能实现。最后通过哈德曼本人的推荐与德国留学归来的井上哲次郎的斡旋，克伯博士被邀请到了东京帝国大学（注7）。

克伯是德裔俄国人，幼年受到祖母的熏陶学习钢琴，后来考入莫斯科音乐学院从师尼古拉鲁宾斯坦。毕业后留学德国，在耶纳大学和海德柏格大学专攻哲学。虽然克伯是以论述谢林自由论的论文获得的学位，但他最感兴趣的却不是谢林的哲学而是叔本华的哲学，他曾经出版过一本名为《叔本华的解说论》的著作。他还为《西洋哲学史概要》的第十四版补写了有关叔本华与哈德曼哲学的章节，就是在这个补写的过程中克伯认识了哈德曼。克伯对叔本华美学的偏好也对我国音乐美学的形成产生了一定的影响。

音乐美学是随着近代浪漫派音乐的诞生而出现的。也是在这个时期音乐家开始逐渐摆脱宫廷音乐师的身份成为了独立的艺术家。最初在美学体系中论述音乐的是康德的《判断力批判》，音乐与造园术一起被认为是比文学与美术这样“美的艺术”低一级的“快适的艺术”。在康德以后的德国观念论哲学思想中，第一个提出音乐是所有艺术之本的哲学家是谢林，他甚至说：“所有的艺术都向往着音乐的境界。”后来，叔本华在《意志与表象的世界中》评价音乐是“艺术中的艺术”。

克伯东渡日本正值19世纪末。19世纪末是欧洲乐坛后期浪漫派运动最隆盛的时期。达到这一运动顶点的就是瓦格纳与勃拉姆斯这两位巨匠，可以说这一时期的德国音乐君临了整个世界。此时正统的西方音乐，巴赫、亨德尔、海顿、莫扎特、贝多芬等人的古典主义音乐也逐渐流入日本。以“高等音乐教育”为目标的音乐学校正是在这个时期迎来了克伯。在克伯博士的介绍下，东京音乐学校与东京帝国大学的文科学生开始了交流。明治三十五年（1902）两所大学的学生们结成了“歌剧研究会”。第二年在上野奏乐堂学生们上演了《奥菲斯》。总指挥是诺埃尔佩里、吉川山扮演奥菲斯、柴田环扮演尤丽狄斯、宫肋僊扮演黑帝斯。演员们都是音乐学校的在校学生和毕业生。当时东京帝国大学和东京外国语学校的几名学生，包括后来成为知名音乐学者的石仓小三郎(《西洋音乐史》明治三十八年（1905））、乙骨三郎、吉田丰吉、近藤逸五郎等人翻译了歌词。舞美与服装是由美术学校教师藤岛武二、冈田三郎助与学生们联合制作的。因为没有管弦乐，克伯弹奏钢琴代替管弦乐。但这个首次完全由日本人企划的歌剧却受到了监管机构文部省的严重警告。文部省认为在音乐学校内学生又演又唱的行为很不成体统，勒令禁止在学校内的一切演出。后来历史证明，文部省的这一禁令严重阻碍了我国歌剧的发展。

随着人们逐渐意识到音乐是一门艺术并开始逐渐关注它的时候，一些音乐刊物诞生了。比如说明治三十四年（1901）创刊直到今天还在出版发行的《音乐之友》，还有同时期发行的《音乐》与《音乐新报》。后来《音乐》与《音乐新报》在明治四十一年（1908）合并为《音乐界》。一般认为《音乐界》是我国最早刊登有关音乐美学、音乐美学史类文章的杂志。虽然野村良雄在《音乐美学》中写道："我国最早的完整的音乐美学出自小泉洽氏的笔下（收录在《阿鲁斯西洋音乐讲座别卷》中，是小泉于1926年执笔的）。"但我们可以发现在明治四十一年（1908）七月号的《音乐美学》上刊登的汉斯里克的《音乐美论》要比小泉更早。这是汉斯里克的美学思想第一次被译成中文，译者是田村宽贞。不过这篇文章在内容上更像是讲演的速记笔录。

音乐的理论研究从音乐调查所时代就已经开始了。但完全是"乐典"、"和声乐"这样的实践性音乐理论或音乐史。人们最初意识到什么是"音乐美"应该是在音乐学校摆脱了师范学校的附属，重新独立后。田村在《音乐美论》中这样说：

> 我在这里要讲的不是音乐学也不是音乐物理学，也不是要说明和声、旋律、奏鸣曲、交响乐究竟是什么。而是要深入地探讨音乐的本性、关于音乐本质的研究以及研究结果的概要，可以说它是音乐美学的绪论。

按照温科尔曼与康德的美学基础与德国美学的展开，田村概括地介绍了音乐美学与音乐思想系统。其中值得注意的是汉斯里克的音乐论，汉斯里克的音乐论依据德国观念论的代表人物谢林、黑格尔、叔本华的"内容美学"。与19世纪后半叶抬头的"形式美学"是相对的。

汉斯里克提出了音乐美学诞生以来最让世人震惊的学说。这个学说成了19世纪后半叶欧洲音乐美学界争议的焦点。赞成者不少，笔者也是其中一员，但对于这个学说的部分理论，笔者是不能苟同的。笔者自知颇有些不知深浅，但确实为此事曾和克伯先生争论过。笔者问克伯先生：“在美学界，究竟谁是汉斯里克的反对者？”克伯先生答道：“是汉斯里克本人。”笔者追问道：“为什么会得到这样的结论？”克伯先生的回答是：“这也是一种解释。”

现在，汉斯里克的音乐美学与美术领域的菲德拉的艺术论被认为是近代艺术学的起点。但那时我国第一个介绍了汉斯里克美学的田村宽贞却着实为无法理解汉斯里克的音乐美学而苦恼了一番。

其实最早关注汉斯里克美学的人并非田村宽贞。这个事实对音乐史和音乐美学有所了解的人大概都知道。还有一个事实是汉斯里克最初是作为瓦格纳最大的敌对者出现的。在明治时代的日本，究竟谁会有机会亲身体验瓦格纳宏伟的歌剧呢？想想看只有刚才我们提到过的曾经留学维也纳的幸田延、森鸥外。

森鸥外在明治二十九年（1896）三月的《催醒草》上发表了《乐尘、西乐与幸田氏》一文。

> 近世审美家之音乐分为两派。一派重在形式，以维也纳的 Eduard Hanslick 为代表，一派重真髓以 Graz 的 Friedich van Hausegger 为代表。在今日之欧洲听音乐之公众中，80%认为音乐应该让人感到快感，18%的人认为音乐应该让人感到形式之美。但是否感受得到音乐形式之美，因个人之素质而不同，品味音乐之真髓也有深浅之分。音乐之真髓即是音乐含蓄之感情。

汉斯里克的名字最早就是出现在这篇名为“乐尘”的文章中。这篇文章实际上是森鸥外与从维也纳归国不久的幸田延的有关音乐的谈话笔记。其中有一节是这样的：

> 我国西乐传来时日尚浅，幸田氏的归国虽引起了美术界的注意，但至今还无人问及她对音乐之见解。余一日拜访幸田女士桥场之居所，得知女士喜好莫扎特、贝多芬，排斥晚期的瓦格纳。余甚喜女士传播西乐纯正之趣味于斯土。

此后森鸥外论述音乐与诗的关系，指出近代音乐从“伴随语言的方向”往“没有语言的方向”发展，出现了海顿的交响曲，随后是莫扎特的《朱庇特交响曲》、贝多芬的第九交响曲，最后呈现出“以真髓为主的纯乐”。他高度评价了沿着纯音乐路线发展的古典主义音乐。

森鸥外从这个“纯乐”才是当之无愧的“乐之真髓”的观点出发，进一步涉及“诗乐权衡”的歌剧“咏叹调”与“宣叙调”的关系，指出“瓦格纳的歌剧在晚期作品中摈斥咏叹调偏重宣叙调，为乐人所不可取”。并进一步批评道：

> 偏重宣叙调使乐曲呈现极端之色泽、序列。色泽即是硬音阶，软音阶变为单纯音，用半音使其易转调，全曲呈宽绰感。（中略）今夸张使用。此乃瓦格纳之一弊。

从全文来看汉斯里克“重形式”就是形式主义，“重真髓”就是内容主义，森鸥外只是在二者对比时把汉斯里克作为代表提出来，还说不上是瓦格纳的最大论敌。当时日本的音乐界在理解汉斯里克的音乐美学时，有必要先了解汉斯里克的音乐美论中提到的敌对人物瓦格纳的音乐。

森鸥外的文章《西乐与幸田氏》一经发表便引起了一场音乐争论，这场争论的中心围绕着瓦格纳的歌剧与他的哲学思想。这场争论的发起者就是《帝国文学》的匿名记者上田敏。东京音乐学院教授乙骨三郎是上田的表哥，由此可见上田的家庭熏陶。他本人也是以“西乐通”自居（注 8）。在上田的《西乐批评》的开头，他是这样说的：

> 吾邦文学杂志评论绘画雕塑等造型术品质者居多。批评西乐的先河唯有发表于《文学界》之《忍冈演奏会》。

上田所说的这些匿名批评其实都是出自他自己的手。此后上田

上田敏

批评的矛头逐渐指向了后期瓦格纳。他以瓦格纳晚年的《帕西法尔》为例指出：

> 格鲁克、莫扎特等人用的宣叙调在他们的曲中大多是隐蔽的，音乐直到最后都是持续的。因此瓦格纳称其为没有完结的旋律。幸田女士也持同样的观点。但这些说法让人难以理解。有人不喜欢瓦格纳的音乐旋律，有人不喜欢瓦格纳的和音，这不过是个人的嗜好问题。只有那些不懂音乐的人才会说瓦格纳的后期作品偏重宣叙调。

这个说法带有明显的挑衅性。只差没有挑明森鸥外根本不懂瓦格纳的"无限旋律"。曾经激烈地反驳外山从而引起了一场"日本绘画未来"的争论的森鸥外，这次终于遇到了对手。森鸥外认为上田是个不知深浅的人，他回击上田说道：

> 瓦格纳把剧中的语言用在音乐中，形成一种旋律，此旋律相互间没有任何间歇，称之为终极旋律。此音乐创作方式，称为通彻制作。由于他在后期过于注重这个进步的宣叙调，甚至开始摈斥完整的形式，所以笔者认为他排斥咏叹调，偏重宣叙调。

对于森鸥外的还击上田也毫不示弱。他反驳森鸥外道，森鸥外是在杂志上发表了上田说明宣叙调的文章之后，才赶忙把无限旋律说成"进步的宣叙调"，这无非是一个补充说明，森鸥外最初的说法是不符合音乐用语的概念的。对于上田再次的批判，森鸥外终于拿出了看家本领——哈特曼的美学，说哈特曼也曾以嘲笑的口吻说瓦格纳后期的音乐是"无止境的宣叙调"。森鸥外与上田的这场争论，其实不过就是围绕着宣叙曲这个概念到底能扩展到什么地步，双方的意见成为了两条平行线，争论失去了意义。不过通过这场争论足以让我们见识到了森鸥外对文学、美术、音乐的博识多知。而且这场在《帝国文学》上的争论也让人们对只在日本上演过一部作品的瓦格纳有了一个全面的了解。

这个时代不成熟的演奏与不发达的录音技术终究还是不能让人们真正地了解瓦格纳庞大的作品。明治三十年代的中期（1902）开始，东京帝国大学的文科学生组成了“瓦格纳会”，庆应大学的学生们组成了“瓦格纳社”。结合当时的现实状况这种对瓦格纳的狂热多少都有些观念化。可以想像是克伯与他的学生们推动了这股潮流。在这些瓦格纳的拥护者中有两位是更热衷于瓦格纳的哲学思想、并向世人传播的人物。他们就是在克伯的指导下研究叔本华与谢林美学的宗教学者姐崎正治与他的朋友高山樗牛（高山林次郎）。高山樗牛在论述瓦格纳的时候每次必连带着尼采。他的《悲剧的诞生》就是对瓦格纳、叔本华、尼采的轮番论述。不能肯定克伯是否受到了尼采思想的影响，但可以肯定高山樗牛对尼采的研究是从瓦格纳出发的。有学者指出高山樗牛日本主义倾向的思想也可以看成瓦格纳思想的脱胎换骨，这一点我们在这里不作详细讨论。最初是为了理解汉斯里克的音乐美学而展开的瓦格纳研究，当时在我国着实掀起了一场我们现在所无法想像的研究瓦格纳的热潮。

在这股瓦格纳热潮平息了一段时间后的大正十三年（1924），岩波书店出版了田村宽贞翻译的汉斯里克美学《汉斯里克的音乐美论小论、绪论及全译》。书中田村这样写道：

> 爱德华·汉斯里克是近代音乐美学的创始者。他原来是音乐批评家，在19世纪中期，在瓦格纳的艺术如初生朝日般风靡全欧洲乐坛时，他旗帜鲜明地站出来批评瓦格纳艺术原理的误区，指出：“音乐不是用来表达感情与事件的。”在正面鞭挞被誉为“未来音乐”的创造者的同时，他还充满激情地呼吁音乐本质上的美学改革，最终成为康德以来业绩最显著的音乐美学者。

昭和三十五年（1960）岩波书店出版了渡边护写的《音乐美论》的新版。在这个距离我们生活的现代很近的年代，汉斯里克的音乐美学得到了客观的定位。

汉斯里克并没有区分美与艺术。他强调艺术各个领域的特殊性，排除感情成分，认为它的本质是知觉本身。这与菲德拉的理论有共同之处，菲德拉认为造型艺术的本质不是美而是视觉（具有特殊意味的），不过菲德拉要比汉斯里克更彻底。这两者的不同点大概在于两种艺术各自不同的性格。

汉斯里克的音乐美学经常被引用的是“音乐的内容是震动的形式”这句话。这里所说的“特殊的音乐、独特的音乐”是以自立的音乐美学的命题来佐证音乐的近代。也正是因为这个命题，汉斯里克被认为是“形式主义”的，当时田村就苦于应该如何解释汉斯里克的“形式”。汉斯里克自身是这样解释“形式”的。他说：

> “形式”这一概念在音乐领域呈现着完全独特的实现方式。由音组成的形式绝非空虚的，而是充实的。不是用线围出的空虚，而是从内部产生的精神。

对于汉斯里克的形式的定义，田村认为是充满了矛盾，又是非常暧昧的。他是这样批评的：

> 关于音乐美的本质汉斯里克说过那句著名的“音响的运动形式”，他在根本上否定感情表现的同时，却常常用“精神”（Geist）来表现音乐的本质。但谁都知道凡与艺术有关的，构成精神的主要要素就是感情。他的学说虽然在表面上强烈标榜形式论，但究其真意无论是有意识的还是无意识的都是与感情有关的。

虽然我们现在不能了解田村批判汉斯里克所用的美学根据，但从他译作的序文来看，仿佛是李普斯和伏尔盖特的心理主义、美学的“移情论”。渡边认为音乐领域的汉斯里克与造型艺术理论的菲德拉有共同之处，但菲德拉的艺术论是以否定田村作为自己理论根据的移情论美学为前提而展开的。因为艺术学是在继承菲德拉的基础上产生的，所以正像渡边指出的那样汉斯里克的音乐论的暧昧与难解正是因为它是诞生在还没有区分美与艺术的时代。汉斯里克的“自立的音乐美学”可以说是近代艺术学的奠基者菲德拉的先驱，它具有很大的意义。

汉斯里克所说的“音乐的内容”并非没有内容的“形式”。在他之前音乐的内容被归结为不定的感情，汉斯里克认为这种不定的感情不能得出音乐精神的定义。音乐的内容应该是音乐特有的东西，所以只有坚决否定“音之艺术”以外的所有的内容，才能拯救音乐的内包（Gehalt）。汉斯里克称之为“精神”的就是这个“美之音”的造型力。

在这里我们要再次提到森鸥外“西乐与幸田氏”的论说。值得注意的是，森鸥外提出了豪赛格的内容主义，作为汉斯里克的形式主义的对立方。森鸥外的见解要比田村对汉斯里克的说明还要早，从音乐美学史角度来看也更接近现代的视点。森鸥外并不是简单地区分了形式与真髓，即内容，而是强调：“感受到形式之美，因个人的资质，结合真髓品味有深浅之别，乐的真髓即乐含蓄之感情”。森鸥外的“真髓”的概念与汉斯里克“内包”的概念相似。不过在这里，对森鸥外形式主义与内容主义的说明就不再作更进一步的展开了。

对于日本近代的西方音乐的受容问题有各个方面的研究，我们在这里选择了艺术学的角度进行了以上的探讨。我们探讨了明治初期伊泽修二在逐步建立我国近代国家的风貌的过程中，是怎样提出了音乐教育作为儿童启蒙教育的一环，而这个音乐教育从何时又是怎样地觉醒为作为艺术的音乐，此后又是怎样开始音乐美学的理论研究的。

注　　解

〈第一部〉

第一章

(1) 在工部美术学校的建校初期，校方从意大利聘请来了三名外籍教师。它们是绘画学科的 Antonio Fontanesi、雕塑学科的 Vincehzo Ragusa，还有预科的 Giovanni Vincenzo Cappelleti。他们都是由意大利驻日全权公使 Alessadro Fe 伯爵力荐的。Fe 伯爵曾向当时的工部部长伊藤博文介绍了发展美术的必要性与意大利美术的精湛，他提出如果根据欧洲各国各自的优势来挑选赴日讲学的学者的话，就应从意大利聘请美术教师。在三位意大利教师来到工部美术学校赴任之后，原本在西洋画私塾学习西洋画的学生们差不多都进了这所学校。在 Fontanesi 的指导下，日本初期的西洋画运动开始呈现出统一的局面。Fontanesi 对巴比松画派的画家很了解，而且在意大利的都灵也教授过正统美术，对于当时的日本美术界来说，他可以算是一个足以胜任的教育人才。

(2) 菲诺洛萨对文人画的攻击是异常激烈的。他说："在议论如何奖励今日日本之画术前，务必要先排除文人画，此画风实难成为真正东洋之画术。此乃当务之急。"

他对大雅、芜村的作品也持批评的态度，比如他曾说："试观大雅堂之画，实属零乱狼藉之类。所画释迦像宛若穿着褴褛的人力车夫立于寒天之下。芜村所画人物也如同疯人院所见疯者一般。"

(3) 为了与西洋绘画一争高低，菲诺洛萨与天心共同扶植起了一位日本绘画的领军人物，他就是狩野芳崖。芳崖在创作第二次鉴赏大会出品的作品《仁王捉鬼》时，得到了菲诺洛萨的指导，菲诺洛萨甚至许诺如果芳崖需要油画所用的浓重颜料，他可以设法从巴黎弄到手。芳崖创作的日本版的圣母子图《悲母观音》也是从天心那里得到了启示。

但令人惋惜的是，就是这位寄托着开拓日本绘画未来的狩野芳崖，在就任美术学校教授的三个月前，留下了遗作《悲母观音》撒手人寰。对于他的遗作天心是这样评价的："狩野芳崖最后的杰作，赋予了观音人类的母性。她伫立在空中，三重背光消失在清净的金色空气中。她手持水晶瓶，从瓶口滴下了创造之水。其中一个水滴边下落变成一个婴儿，云雨的衣衫包裹着的婴儿用纯净的眼睛望着母亲，向耸立在苍暗的雾中的、从平原拔地而起的雪峰飘落而去。这幅画融藤原时代的充满冲击力的色彩与圆山派的幽美于一体，以热情写实的风格表现了神秘而又令人敬畏的自然。

（4）山口静一指出菲诺洛萨是从美国画家琼·拉法基（John La Farge）那里了解到拉斐尔前派运动的。拉法基曾与历史学家亨利·亚当斯（Henry Adams）共同访日，那个时候他与菲诺洛萨交谈过。拉法基由于认识拉斐尔前派画家马多克司·布朗（Ford Madox Brown），因此对布朗他们的绘画运动抱有支持的态度。山口指出："菲诺洛萨虽然不了解欧洲美术的实际情况，但在观念上却意识到欧洲美术之所以进入了死胡同完全是由于文艺复兴时期过于重视写实造成的，因此他确信只有弄清美术与工艺完全一致的文艺复兴初期，也就是拉斐尔以前的美术动向，才能为今后日本美术的发展树立明确的指针。（中略）拉法基的话让菲诺洛萨对自己的观点更有信心了。"（《菲诺洛萨（上）》，三省堂，1982 年，320 页）山口还进一步指出："比起菲诺洛萨，也许年轻的冈仓天心与拉法基之间的相互影响更深。之所以这样说，是因为在拉法基的日本旅行记《画家东游录》的开头有写给冈仓的献辞。而冈仓的《茶之书》的开头也同样有写给拉法基的献辞。"

第二章

（1）在那个时期还没有人认为浮世绘是艺术。当时用来为国家换取外汇的重要出口品是高价的有伊万里陶瓷，浮世绘就是用来代替旧报纸来包装这些出口瓷器的。西方对浮世绘的发现要感谢画家费利克斯·布拉克蒙（Felix Bracquemond）无意中注意到了一张"包装纸"，它就是北斋的浮世绘版画。

(2) 虽然现在西周被公认为日本哲学思想史的奠基人。但曾经一度对西周的评价要逊色于福泽渝吉与加藤弘之，西周的著作也没有引起明治史研究者们的注意。西周的业绩为世人所知是在昭和八年（1933）麻生义辉编的《西周哲学著作集》发行以后。当时研究日本美学史的麻生偶然看到了刊登在杂志《太阳》（明治四十年（1907）月增刊）上的《美妙学说》的原稿照片。正是这个奇缘使得西周哲学业绩的全貌终于为世人所知。在《美妙学说》原稿的最后写着"右一月十三日御前演说"。麻生认为这指的是明治五年一月，而编撰西周全集的大久保利谦却认为是明治十五年的一月。

(3) 菲诺洛萨来日后不久，就拜在日本绘画的正统派狩野派门下。他在学习狩野派传统技法的同时，还师从狩野永德立信学习作品的鉴定法，后来师父给他赐名为"狩野永探理信"。山口静一认为来到日本以后的菲诺洛萨对浮世绘的态度是冷淡的。山口认为："这是因为浮世绘与狩野派相比，不过是日本绘画的末端支流罢了。而且对浮世绘的冷淡也体现了菲诺洛萨作为一个美国青年的自尊。当时最推崇北斋等人的浮世绘的是法国人。"（山口静一编，《菲诺洛萨美术论集》，中央公论美术出版社，1988 年）天心对浮世绘的评价也受到了菲诺洛萨的影响。

第三章

(1) 佐藤道信，《"日本美术"的诞生——近代日本的"语言"与战略》，讲谈社，1996 年。

中村兴二、岸文和编，《为了学习日本美术的人》，世界思想社，2001 年。

(2) 在《冈仓天心全集 4》（平凡社，1995 年）的"解题"的部分列举了几本西洋美术概要的书籍，其中"John Reskin,

Political, Economy of Art." 是 "John Reskin, Political Economy of Art." 的误记。

（3）在《泰东巧艺史》的"第二 泰东学风之短处"中写到"外证为先、内证为后"。而且在此处出现了"西洋摩莱里、贝伦森"的人名，贝伦森就是摩莱里的老师伯纳德贝伦森。

（4）关于天心与黑格尔美学思想的关系，笔者的观点受到了武藤三千夫氏的论文《天心的忧愁——其美的意识的无名性》的影响。这篇论文收录在笔者编著的《日本的艺术论 传统与近代》（米内陆威尔书房，2000 年）中。笔者认为武藤氏在这篇论文的以下部分指出的事实是很重要的。"在东京艺术大学附属图书馆有黑格尔的美学讲义的英译版。它是由英国著名黑格尔研究者、B. 鲍桑葵翻译，于 1886 年出版的。这本书是在明治二十四年（1891）四月登记在东京美术学校的记录簿上的。在这本书的某一页上留有读者的铅笔译文，虽然无法确定是什么时期写的，但从笔体上可以推断它出自天心之手的可能性很大。"

（5）《泰东巧艺史》中有如下的记述："根据艺术的性质可以把艺术大致分为两类。一类从平面的概念出发，一类从立体的概念出发。起源于希腊的欧洲艺术从立体概念出发，与之相反，日本、中国、印度、波斯等东亚国家则从平面的概念出发。

（6）天心对美学成立的历史有着非常准确的知识。在同时期的《泰西美术史笔记》中天心写道："Aesthetics since the later half of 18th century." 温克尔曼的《美学》与康德的《判断力批判》正是诞生在天心指出的 18 世纪后期。

（7）天心说："东山的艺术在日本绘画史上也不见得有多么重要，雪舟、相阿弥也不能说是日本特有的艺术，元信也如此。他们虽是日本的画家，但有一半的艺术要素是中国的。但探幽可以算是日本的后期印象派。"（《天心全集六》，创元社，1944 年，426 页）我们注意到这里出现了"后期印象派"这个词。这恐怕是后期印象派一词的第一次出现。天心是在明治四十三年（1910）四月至七月开了这个讲座。柳宗悦在杂志《白桦》上发表《革命的画家》一文，在文中把 Post-Imprssionist 介绍为后印象派是明治四十五年

(1912)的事。而福莱 Roger Eliot Fry 企划的“马奈与后期印象派”展览会是在明治四十三年(1910)十一月举行的。由此可见正是由于这个错误的译语才导致后来的“后期印象派”的这一误用。

至于天心为何使用“后期印象派”这一词汇,川田都树子的论文《美术批评形式主义的展开——英国、日本、美国》,把原因归结于天心与福莱的会面。川田是这样说的:

> 一般来说,后期印象派这一词是英国批评家福莱于1910年11月至转年的1月召开的展览会上初次使用的 Post Impressionist 的日语翻译。但最初使用这个词的冈仓天心却不是本着这个意思的。

据天心《欧洲旅行日志》记载,1908年5月天心与福莱在伦敦会面。当时福莱对天心说:“Sargent 作为当代组织的历史文献是很有意思的,古代的 Lawrence 也是如此。在曾经的牛津街的一隅出现了 New English Artist。”(《天心全集五》,平凡社,1979年,405页)。福莱的这段话说的实际是 New English Club 即“伦敦印象派”。

在英国这种传播法国浪漫派画风的组织产生于1880年,进入20世纪浪漫派的热潮更为猛烈,与绘画有关的重要职位,比如说正统学院教育的教师都让位给了印象派画家。天心见到福莱的1908年正是伦敦印象派的鼎盛期,也是不擅长于印象派画风的福莱最不得意的时期。两年后福莱举办了“反印象派”画展,开始倡导 Post-Impressionism,他再次提到 Sargent 时,评价道:“仅在作为正统团体证人的意义上是有趣的。”

在前面我们提到,天心回国后在1910年4月至7月的《泰东巧艺史》讲座上使用了“后期印象派”这个词。这是“后期印象派”这一词在日本首次的出现。探幽在江户时代初期复兴室町时代的画家雪舟的画法,这一尝试使他扬名日本。天心在1890年《日本美术史》中说雪舟是:“淘中国画之宝投日本人之好奇。”还说探幽是:“以复兴雪舟之画技而保住了狩野派的家业,但其副作用是导致了模仿主义，最终造成了美术的固定类型。这个家法规定的弊害不易一一指出。”（上述著作，227页、267—269页）天心是在遇到福莱后才把探幽称作后期印象派的。也就是说，天心把雪舟看成从巴黎流传到伦敦的印象派，探幽理所当然地就成了后期印象派，准确地说是20世纪初期的伦敦印象派。（川田都树子）

第四章

（1）依据明治二十三年（1890）菲诺洛萨在东京美术学校讲授的美学讲座笔记。他在说明“非再现艺术-音乐建筑”时，对于建筑解释说：“它是音乐冻结后形成的。”（《冈仓天心全集》第八卷，平凡社，1981年，450—750页）

（2）关于“哲学”这一词的起源，桑木严翼是这样说的：“众所周知，哲学一词始于西周明治七年出版的《百一新论》，因此世人称西周为哲学之祖，没有人对此存有异议。相当于“哲学”的学科不是产生了这个词源“Philosophy”的欧洲诸国所特有的，也不只存在于印度、中国。我们也能在日本古代的思想中找到它。在西周制定了这个词语以前的很久远的年代就有倡导“哲学”重要性的思想，也出现了“希哲学”（有“爱知”这一原语的“希求哲知”的意思），但在现存的资料中“哲学”这个词最早出现在前文提到的明治五年（1872）西周起草的原稿《百一新论》的卷末。”

（3）西周的著述是根据大久保利谦编的《西周全集》。过去曾有四次《西周全集》的出版计划。最早的编者是西周的学生相泽应次郎和森鸥外。后来的编者是出版了《西周哲学著作集》（岩波书店，1933年）的麻生义辉。第一次企划包括西周在从事与军部有关的工作时所写的慎重论。第二次因为编者麻生的突然去世而未能出版。第三次的企划虽然终于由日本评论社出版，但却因为各种原因结果只出版了第一卷后就中断了。直到1960年，第三位编者大久保利谦通过宗高书房才终于出版了三卷的《西周哲学》。

（4）博文馆出版的杂志（明治二十八年（1895）一月创刊、昭和三年（1828）三月停刊）原本是有关政治社会方面的。创刊以来在大桥又太郎的领导下，任命高山樗牛为文艺主任，吸收了鸟谷部春汀、长谷川天溪等人，自此博文馆的杂志成为了明治乃至大正时期的言论界的领头羊。最近出现了关于这个刊物的历史性研究，比如铃木贞美编的《杂志〈太阳〉与国民文化的形成》，思文阁出版。

（5）《出品劝请书》被附在太政官布告（明治五年（1872）一月）上，在“维也纳万国博览会出品分类”的一项中是这样写的。

> 第二条　展览会分为左记的二十六类
>
> 第二十二区　为美术（西洋把音乐、画学、造像术、诗学等统称为美术）博览场之工作。（富田淳久译）

但根据刊登在“Wiener Zeitung：Sonntag，den 17. September 1871”（维也纳新闻，1871年9月17日）的德国原文来看，这个翻译是漏洞百出的。有关第二十二区的德国原文是这样的：“22. Groppe. Darstellung der Wirksamkeit der Kunstgewerbe=Museen.”准确的翻译应该是：“第二十二类，工艺美术馆的效用提示。”这里富田译为美术的应该是“Kunstgewerbe”这个词。而且第二十四类的原文“Die bildende Kunst und Kunstgewerbe fruherer Zeiten.”的译文却是：“现代造型艺术（美术）。”由此看来，这个经常被引用的译文是谬误与误解的产物。根据青木茂、酒井忠康注《日本近代思想大系17 美术》（岩波书店）的解说，这个大政官布告是在明治五年（1872）一月十四日出台的。

至于“美术”这个词与它的语源贴切与否先放在一边，曾有人指出这个词是在函馆五稜馆与夏本武扬一起跟明治政府对抗的大鸟圭介的造词。（清间陵郎《冈仓天心》昭和九年（1934），平凡社）

（6）菲诺洛萨的铅字版美学论文，还有以下两篇：《美术哲学概论》（《国华》第二期，明治二十二年（1889）十二月）这篇论文是东京美术学校的美学讲座试论。《非美术者》（《国华》第五期，明治二十三年（1890）二月）这篇论文是前一篇的续篇。

（7）青木茂、酒井忠康编，《美术》日本近代思想大系十七，青木茂参照注释（1）。

（8）“查理奥”是明治十九年（1886）来日表演的马戏团。因其演出大受日本观众的欢迎，其名称甚至成了马戏团的别名（《日本国语大辞典》7，小学馆，1975 年）。因发现了一个与此马戏团有关的有趣记载，顺便介绍如下：

> 明治七年夏天法国人“斯里耶”率领数十名外国男女组成的马戏团来到新潟，表演乘球驱马之技。数日后，在马戏团离去之际，一位意大利团员“皮耶多罗·米利奥雷”氏因车祸不得不与马戏团离开，最终眼睁睁地看着大家离去，陷入无限落魄的境地，寄身于下旭町大学本部。当时的县令楠本正隆同情其孤独的境遇，大力斡旋并出资捐助，使其在营所通一番街开始牛肉小买卖。后来英气勃发的新县令上任，此人以本县文化指导者自居，大力鼓励肉食，于是牛肉店生意兴隆，逐渐扩大营业转至东中通一番町，兼营西餐与牛乳配送。明治十一年（一八七八）又移至二番街。
>
> （冈田民雄，《意大利轩的故事——意大利轩沿革史》新潟日报社，昭和四十八年（1973））

直到现在意大利轩仍在营业，而且已经成了当地的老字号饭店。

（9）外山说：“所谓思想画，也包括错杂思想、错杂思想之画。”并且提示了六个画题：

①镰仓之墓碑：站立在常春藤缠绕青苔丛生的源赖朝墓碑前，在心中回想起同是武士栋梁的德川家康的墓碑，它坐落在豪华绚烂的日光东照宫。

②秀吉病榻之上托付家康：临终前丰臣秀吉把儿子秀赖与天下大事托付给家康。

③苦于恶路的瘦马重荷：迫于重担四脚僵直的瘦马与拉紧马

缰、鞭打马臀的马夫。

④大森车站的晚景——车夫之死：拉着两个洋人车夫气喘吁吁地来到黄昏的大森车站。车夫突然心脏病发作倒地毙命，洋人头也不回地离开，茫然地围着死者的是他的老父与其他的车夫们。

⑤两国桥上的恶魔与天使：桥上企图自杀的父亲正要把襁褓中的婴儿扔到河里。为了制止父亲而与他争夺弟弟的小哥哥。

⑥朝为地狱、夕为极乐：早上拉着车的壮年男子与推着车背着婴儿的年轻女子，与傍晚坐在空车上哺育幼儿的女子和拉着车的男子的对比。外山自赞这一画题是：“此一场景正体现了日本生活的困苦，正体现了日本女子的辛苦，正体现了日本男子的性情，正体现了日本帝国存在于宇宙的原因。”

（10）森鸥外在《月草叙》中这样写道：“与此同时，或直接或间接，逐渐有人开始注意到哈特曼的哲学，就连几乎被经验派击垮的形而上学派哲学也开始有人调查研究了。”

〈第二部〉

第二章

（1）有关20世纪初现代艺术发展的论述，请参照以下资料：Marit Werenskiold: The Concept of Expressionism, Origin and Metamorphoses. Translated by Ronald Walford, Oslo Universitesforlaget, 1984.

（2）木村庄八以木村章之名，在《现代洋画》第四期（明治四十五年（1912）十月）上发表了《后期印象派画家：保罗·高更》，在第五号（大正元年（1913）八月）上发表了《后期印象派画家：凡·高》，在第二十七号（大正三年（1914）七月）上发表了《后期印象派的位置》。此后他把这三篇文章整理成《后期印象派》一书（上下卷，洛阳堂，大正九年（1920））大概是因为如果称为“后印象派”未免显得有些单薄所以加了一个“期”字，变成了“后期印象派”。如果是这样的话，可以说是名副其实的画蛇添足了。

(3) 关于“紫派”与“脂派”，森鸥外在《洋画南派》一文中是这样说明的：“此后正冈常规君等人提出了紫派这个新名。比起那些杜撰的名字，倒也说得过去。”（明治二十九年（1896）一月）他还曾说：“排斥南派者称之为紫派，排斥北派者称之为脂派。（脂派一词出自白百和党）”（《太阳之画论》明治二十九年（1896）四月）

(4) 从《白桦》第一卷第一期至第五卷第十一期，儿岛嘉久雄就一直与柳宗悦一起执笔美术评论，儿岛所介绍的艺术家、美术史家称为北欧系。比如说“德意新理想派画家”的 Arnold Bocklin、Freidrich Maximilian von Klinger、Ferdinand Hodler、Hoffman。在介绍上述画家的同时，还分三次刊登了《凡·高的信件》的译稿。第一卷第八号的《罗丹第七十期诞生特集》当中，儿岛发表了《关于罗丹的独乙书》。儿岛在写上述评论时参考了 Heinrich Wolfflin 等美术史家的论述。儿岛最早有关法国画家的文章发表在大正四年（1915）的《美术新报》上（第十五卷第三期）。这是一篇从德文翻译过来的文章，原文是葛拉艾菲的《法国美术的价值》。

(5) 此时的《白桦》主创者们对沃格勒（Vogeler）非常痴迷，举办他的铜版画展，用他的铜版画做刊物的封面。在第二卷第十二期的《沃格勒特集号》上刊登了柳宗悦的评论《沃格勒的艺术》。沃普斯韦德（Wopswede）资料馆收藏着沃格勒与柳宗悦互通的书信，在信中柳感谢沃格勒为版画展寄送作品，还为杂志设计封面。为了表示谢意柳宗悦还给沃格勒寄去了浮世绘。

《柳宗悦全集》第一卷（筑摩书房，昭和五十六年（1981））月报 9《关于事物的触感 种村季弘》引用秦丰吉与沃格勒的面谈报告《德国的新村》（《德意文艺生活》，聚英阁，1928）。此文有这样的记述：“当我提到武者小路实笃氏在日向的新村时，沃格勒突然说：‘我想给武者寄信。请告诉我他的地址。’”

(6)《印象派的思想与艺术》上是这样写的：“这就是对所谓‘固有色’（Local color）的否定，也是对绿色的太阳的承认。”从我们目前的论证来看，这种说法实在是有些“墙头草”的性质。

第三章

（1）高村光太郎的诗、随笔、评论都收录在《高村光太郎全集》（筑摩书房，昭和三十二年（1957））此外还有《高村光太郎选集》（春秋社，1966—1979）。吉本隆明、北川太一的《解题》是光太郎研究所不能忽视的基础资料。有关雕塑家光太郎的作品及艺术观点的研究并不是很多，主要有原田实的《高村光太郎觉书1—9完》收录于《三彩》，1970年9月至1971年12月。增渊宗一的《高村光太郎研究——从雕塑方面来看》收录于《日本女子大学纪要》的“日本女子大学创立八十周年纪念号”文学部三十三，1981年。冈村康彦的《光太郎的绘画·雕塑篇》收录于《国文学解释与鉴赏》的“高村光太郎特集——光太郎的根基”1984年7月。

（2）赫尔德（Johann Gottfried Herder）的《雕塑论》是1778年出版的。但在第三稿上却写着“大部分写于1767—1770年”。还写着“触觉（Anaglyphilk = 雕塑）、视觉（Optik = 绘画）、听觉（Akustik = 诗与音乐）等同样试论的未完序章。”西欧传统艺术的相关感觉只考虑到视觉与听觉这样的高级感觉。触觉才是赫尔德所说的雕塑艺术的本源性感觉。现代对于平面和立体表现，绘画与雕塑的界限过于暧昧，所以更有必要再次认识赫尔德的观点。光太郎是这样论述雕塑性的：“雕塑性本来就是抽象的，以自然现象的具象为媒体来表现，这既是雕塑有意思的地方，又是容易产生混乱错误的地方。正像近代的前卫派的object是抽象了的结果，结果是失去了雕塑性，不过是机智的景物，是没有用的。这样的东西不堪久观，也引不起人们收藏保存的欲望，结果只能成为仓库里的废品。只有具备雕塑性的才会有其地位，表现存在之美，让我们感到悠久的时间被置换成空间的不可思议。”

（3）希尔德布兰德的《造型艺术的形式问题》（Dos Problem der Form der bildenden Kunst）是在1893年第一次出版。在1903年最后定版。克莱恩版在《罗丹与希尔德布兰德》中所提到的应该是初版。此著作日本最早的译著是昭和二年（1927）出版的（清水清泽，岩波书店）。由此看来，在光太郎执笔《现代雕刻》的时候，还不可能参考这本著作。光太郎指出与费德勒、汉斯封、马雷斯郎交往的希尔德布兰德最终把雕塑看作视觉统一体。在近代艺术学进程中，是里戈尔(《后期浪漫时代的工艺》1901 年）把视觉形式与触觉形式相对立，从而再次评价了赫尔德的雕塑形成原理。后来继续了这个理论体系的是海因里希·沃尔夫林(《美术史的基础概念》1915 年)。

第五章

（1）本多秋五在《白桦派的文学》中说:"说起'跨越历史'，19 世纪日本对西方是有些消化不良，但日本终究不能再重新回到 19 世纪。对于日本来说，'跨越历史'是任何时代都不可避免的，是永远都会存在的。关键是如何跨越的问题。"

本多进一步具体分析到："换一种说法，日本康德哲学得到普及是因为全世界处在新康德派哲学的时代，那么通过新康德派究竟对康德能有多少认识呢？同样白桦派对西方美术的追求，是因为西欧流行后印象派，而通过后印象派对西方美术又能了解多少呢？这就是'跨越历史'的问题。"

（2）哲学家金子马治，同时也是文学评论家金子筑水。这双重身份形成了他思想的基本性格。金子以"哲学与文学的结合"作为自己的目标。"在对人生意义的理解上哲学家也需要艺术性直观的辅助，而在艺术方面要直观人生也需要广泛的概念考察作为辅助。"（《艺术的本质》大正十年（1921））金子以浪漫主义者自居，也可以说是活在浪漫主义理想中的思想家。

（3）吉田精一在《浪漫主义的研究》的跋中说，要研究浪漫主义就必须了解欧洲浪漫主义文学运动，以及普罗丁（Plotinos）谢林浪漫主义美学及哲学的常识。他是这样总结的："我感到幸运的是在东京大学求学时听过大西克礼教授的浪漫主义美学的讲座，在毕业后也继续听这个讲座。这个影响潜移默化地滋润了我浪漫主义研究的根基。"

第六章

(1) 森有礼似乎本来就反对培养艺术家。在菲诺洛萨给金子坚太郎的信中这样写道:“在终于见到了文部省大臣之后,他否定了欠缺科学教育基础的学校组织,并认为所谓培养美术家,只要那些有志成为画家的人自己上私塾就好了。文部省虽有培养美术教员的责任却没有建立培养美术家的国立学校的权限,所以明确地拒绝了我通过多年来的经验与研究制成的计划。”(山口静一,《菲诺洛萨 上卷》,三省堂,1982年,372、373页)

(2) 伊泽修二作为教育家,音乐教育不过是他众多功绩之一。记录伊泽伟大成就的总集有他的出生地长野县出版的《伊泽修二选集》(信浓教育会编,昭和三十三年(1958))。全书共十二章,各章具体的题目如下:①行政教育(师范教育)、②体育教育、③音乐教育、④教科书、⑤教育会关系、⑥普通教育、⑦实业教育、⑧台湾教育、⑨国语与汉语、⑩视话法、讹话法、吃音矫正、⑪杂篇、⑫书简。关于音乐教育的总集,有《洋乐事始 音乐审查成绩申报》(山往正已校注,东洋文库188,平凡社)。关于伊泽的传记有上沼八郎《伊泽修二》(人物业书,日本历学会编集,吉川弘文堂)。

(3) 第一届艺术教育会议

(1901年 Dresden) 造型艺术

第二届艺术教育会议

(1903年 Weimar) 言语

第三届艺术教育会议

(1905年 Hamburg) 音乐与体育

(研究题目)	(发表者)
音乐与体育	Lichtwark
音乐与鉴赏	Desowar
作为艺术教育手段的声乐	Johannsen
儿童的音乐与歌剧	Balt
家庭与音乐	Batoka

（4）《蝴蝶》取自《幼儿园歌唱集》文部省音乐调查所编，明治二十年（1945）。

（5）作家堤春惠告诉笔者这个戏中戏的外题就是《漂流奇谭西洋剧》，以下引用堤氏的解说："《漂流奇谭西洋剧》在日本歌舞伎中融入壮丽的美国爱情剧（Melodrama）、欧洲歌剧，是别具匠心的戏中戏。明治十二年（1879）在东京新富座剧场上演，第九代市川团十郎主演。"新富座剧场的所有者守田勘弥在剧场明治十一年（1878）的重新开放之际，拆掉了橹，装上了瓦斯灯和椅子，改成开放指挥，邀请前美国总统格兰特夫妇等海外宾客，大力推行西化。河竹默阿弥的《漂流奇谭西洋剧》写的是因船难而分离的渔夫父子流浪到美国、欧洲之后在巴黎重逢。运用了蒸汽船、火车、电报等19世纪最新科技的壮大场面，甚至还把代表着19世纪欧洲文化的伦敦水晶宫、巴黎歌剧院的歌剧演唱家请到了台上。剧本的构思来自福地樱痴，他是货币制度研究使节及岩仓使节，曾出使过欧洲。这一剧目正反映了他观赏美国与欧洲各地的歌剧与音乐剧的体验。"（摘自日本学术会议艺术学研究联络委员会主办的2001年度讨论会报告重点）

（6）"明治十五、十六年（1882、1883），伊藤正值四十岁左右，在任内务卿时正是巩固明治政府基础之时。这位东洋后进小国的少壮政治家大概充满着野心与梦想。西园寺公望是三十五岁左右的青年外交官，长期生活在欧洲，知道李斯特在当地的地位。据说他曾经苦口婆心地劝说伊藤博文要招聘李斯特来日本是如何不可能。尽管如此，伊藤博文还是对没有请到李斯特来日本的音乐调查所而深感遗憾。这是近卫秀麻吕听西园说的，据说伊藤还是惋惜地说如果请到了李斯特就……"（中村纩子，《钢琴家的蛮族》，文艺春秋，1992年）

（7）"东京帝国大学的哲学教师凯贝尔闻名于专家之间，是哈德曼推荐来的。我回国任职东京帝国大学的哲学教授之时，讲授哲学的德国人布塞（Busse）辞职回了国，职务出现了空缺，因此我恳请哈德曼推荐适当的人才。哈德曼推荐了凯贝尔，凯贝尔也欣然应允，而且在日本任教了很长时间，并写下了《哈德曼的哲学组织》这本书。凯贝尔也是个奇人，他来日本之前，我给他寄了一封信，信中问道‘有意来樱之国度的日本吗？’后来他告诉我，就是因为看了这句话才决定来日本的。”（井上哲次郎，《井上哲次郎自传》，富山房，昭和四十八年（1973））

（8）关于森鸥外与上田敏的详细论战请参考下述著作。中村洪介《西洋之音、日本之耳——近代日本文学与西洋音乐》的第三章“上田敏与西洋音乐”。（春秋社，1987 年）

参考文献

第一部

[1] 麻生义辉:《西周哲学著作集》，岩波书店，1933。
[2] 大久保利谦:《西周全集》全3卷，宗高书房，1960-1966。
[3] 山口静一编：《菲诺洛萨美术论集》，中央公论美术出版社，1988。
[4]《冈仓天心全集决定版》全5卷，六艺社，1939。
[5]《冈仓天心全集》全8卷，平凡社，1979-1984。
[6]《森鸥外全集》全38卷，岩波书店，1971-1975。
[7] 姉崎嘲风、笹川临风:《樗牛全集》全7册，博文馆，1925。
[8]《明治文学全集》全99卷，筑摩书房，1974-1977。
[9]《明治文化史》（财团法人开国百年纪念文化事业会编）全14卷，原书房，1979-1981。
[10]《近代日本思想大系》全36卷，筑摩书房，1974-1987。
[11]《日本近代思想大系》全23卷，岩波书店，1988-1992。
[12] 栗原信一:《菲诺洛萨与明治文化》，六艺社，1968。
[13] 山口静一：《菲诺洛萨上下—弘扬日本文化的一生》，三省堂，1982。
[14] 桑原武夫编:《中江兆民研究》，岩波书店，1966。
[15] 井田进也:《中江兆民的法国》，岩波书店，1987。
[16] 冈仓一雄:《父亲天心》，圣文阁，1939。
[17] 色川大吉:（责任编辑)，《冈仓天心》（日本名著39)，中央公论社，1984。

[18] 大冈信:《冈仓天心》, 朝日新闻社, 1985。
[19] 正木真彦:《十三松堂闲话录》, 相模书房, 1937。
[20] 藤冈作太郎:《近世日本绘画史(日本名著选 解说 瀬木慎一)》, 佩里康社, 1983。
[21] 小堀桂一郎:《森鸥外的世界》, 讲谈社, 1971。
[22] 小堀桂一郎:《森鸥外——文业解题(创作篇)(翻译篇)》, 岩波书店, 1982。
[23] 佐渡谷重信:《森鸥外与西欧艺术》, 美术公论社, 1984。
[24] 三枝博音:《日本哲学观念论发展史》, 文圃堂书房, 1934。
[25] 麻生义辉:《近世日本哲学史》, 近藤书房, 1942。
[26] 井上哲次郎:《明治哲学界的回顾》(岩波讲座 哲学), 岩波书店, 1932。
[27] 井上哲次郎:《井上哲次郎自传》(井上哲次郎三十年祭纪念)富山房, 1973。
[28] 桑木严翼:《明治哲学界》, 中央公论社, 1943。
[29] 山本正男:《明治时代的美学思想(上)(中一)(中二)(下)》,《国华》62 号、第 5 册、第 9 册、第 10 册、第 12 册。
[30] 金田民夫:《日本近代美学序说》, 法律文化社, 1990。
[31] 土方定一:《近代日本文学评论史》, 法政大学出版局, 1973。
[32] 中村义一:《日本近代美术论争史》, 求龙堂, 1981。
[33] 冈崎义辉:《艺术论的探求》, 弘文堂书房, 1941。
[34] 吉田精一:《日本近代比较文学研究》, 清水弘文堂, 1981。

第二部

[1] 吉本隆明、北川太一编:《高村光太郎选集》全 6 卷, 春秋社, 1966-1970。